niconico 玩創經營築夢哲學

3 niconico動畫的運作 93

前言

加藤貞顯

這本書整理自川上量生先生的訪談內容。我營運的網路媒體cakes（ケイクス）當中，原本是以連載的方式呈現訪談內容，後來成為這本書的底稿。一開始是川上先生向我提議，希望以訪談的方式與大家分享他平時思考的各種議題。我們為實現這個計畫，前後花了十小時以上進行訪談。

這本書完全展現川上先生絕頂聰明、想法出奇而且當機立斷等特質。因為川上先生活躍於各領域，訪談時不僅論及媒體、創作、國家、甚至還談到人類的未來，話題出乎意料地廣泛。

這本書最大的魅力，在於能讓我們一窺川上先生思考的深度、廣度以及自由度。訪談時，我要求自己務必「打破砂鍋問到底」。我不斷地拋出問題，而川上先生的回答總是令人出奇不意而且與常理背道而馳。細聽川上先生解釋背後的道理，便會發現這些看似違背常理的答案其實環環相扣。每次訪談，我都因此感動不已。

或許讀者看過這本書後就會明白，川上先生除了絕頂聰明之外，還有另一個特質。正因為這樣的特質，我（大家）才會被川上先生吸引。我一直在思考要怎麼解釋川上先生的性格特質，最近終於有些心得，請容我與大家分享。

一般而言，人越聰明就越孤獨。因為沒有人能了解真正的自己，就算心靈受創也得不到共鳴。若覺得周圍的人愚不可及而輕蔑他人，自己就會更顯得孤獨。

所以，我認為頭腦聰明之人有兩種選擇。一是在憎恨中度過一生；二是以溫柔的眼光看待一切。我想川上先生選擇了後者。無論是 niconico 還是多玩國公司，都體現了川上先生溫柔看待世界的特質。

本書第 6 章談到川上先生認為自己創業之後轉而脾氣變壞，覺得很不開心。營運一間公司，難免會遇到需要訓誡員工的場合。川上先生一直認為自己是個好脾氣的人，遇到這種情形內心便動搖不已。因為我自己也是創業者，不禁覺得心有戚戚焉。

川上先生常說自己不是因為想開公司才創業，只是剛好自己任職的公司倒閉，為了繼續經營自己經手過的遊戲事業，不得已才成立一間公司。如今，川上先生不僅營運niconico這樣龐大的企業，還成功與KADOKAWA合併。

訪談中，我詢問川上先生是否還有其他想做的事?川上先生竟然回答：「我想多睡一點。」、「沒什麼特別想做的事。」他的回答與實際上經手的工作反差極大，我當時真的完全無法理解。本書也針對這一點，打破砂鍋問到底。原本以為他只是因為不好意思說出真正的想法，沒想到背後竟然隱含富有邏輯性的理由。

簡而言之，川上先生的終極目標就是「以科技追求人性」。科技與全球化使得人類社會更為便利，但人與人之間反而更加疏遠。我想川上先生正是在對抗人際關係疏離的未來吧!

川上先生不只是創業者，也是一名思想家、活動家。他手中擁有的武器，正是科技與「歡笑」。不像大多數的創業者，為了實現夢想而兢兢業業，他選擇快樂前進，從「niconico動畫」、「nicofarre」這樣乍看之下不正經的平台開始他的創業之路。

對於人類的未來抱持肯定的態度，並且選擇帶給大家「歡笑」為中心思想，他的目的其實與日本的單口相聲「落語」一致。不同於谷歌或亞馬遜這種利用科技與理論提高效率的ＩＴ企業，川上先生想在網路上創造出能讓科技與情感交融的全新平台。或許，那就是人們未來交流情感的大舞台。

我很榮幸能夠採訪川上先生。彷彿是藉機諮詢自己創業之後面臨的各種煩惱一般，對我而言獲益良多。當然，這些內容也對讀者很有幫助。川上先生，真的非常感謝你。

卷末收錄「niconico宣言」，文中充滿川上先生溫厚的待人處事哲學，請您務必一讀。

Piece of Cake　執行長　加藤貞顯

http://cakes.mu

※譯註：niconico日文原意是「微笑」。

1

KADOKAWA・DWANGO是這樣來的

因為是未知，所以才需要解謎！

2014年10月，KADOKAWA將正式與多玩國公司進行合併。在合併之前，KADOKAWA的角川歷彥董事長在記者招待會上開心地說：「我終於得到川上這個年輕有為的經營人才了！」究竟，就任KADOKAWA・DWANGO董事長的川上先生有何感想呢？

（2014年7月2日刊載於cakes網路平台）

在「未知領域」沒有競爭對手

加藤（以下記述為「——」）　今天我想要針對KADOKAWA將與多玩國合併這件事來提問。

川上先生想必已經接受很多類似的訪談，但我想問的是川上先生的心境。您總是說「現在最想做的事就是呼呼大睡」、「員工是沉重的負擔」怎麼還會接下這麼辛苦的工作呢？

川上　嗯，是很辛苦的工作沒錯。那個……嗯，真的很辛苦。（笑）

——我想也是。

川上　我之前的確不想接董事長職務。嗯，可是一方面我自己又覺得不接不行。

——這次公司合併，是角川歷彥董事長來委託您的吧？

川上　是的。角川董事長以前就跟我商量過這件事。他來找我商量，我其實非常開心。

——繼多玩國之後，您又多了一個董事長的職銜耶！

川上　角川先生一開始是說他來當董事長，我做總經理。但是我想讓角川先生當董事長，我來做副董事長，所以一直跟角川先生爭取副董事長的職位。（笑）

——很少聽說有副董事長這種職位耶！（笑）

川上　結果，角川先生提議自己當顧問就好，害我反而不知所措。最後，我爭權爭輸角川先生（笑），成了董事長。

——爭輸竟然還得到最高經營者的職位。（笑）記者招待會上有人質疑：「這次合併看不出來對多玩國有任何好處。」其實，我也這麼認為。當時，川上先生雖然有回應，但我完全聽不懂，請您再解釋一次。這次合併，對多玩國而言究竟有什麼好處呢？

川上　哎呀，你說的「不懂」也許是正確解答呢。因為就連我自己都不是很了解。（笑）

以我的角度來說，我是一個很希望別人出題給我解決的人。我很不喜歡自己去命題。所謂的命題，就是「我要成為總統，然後改變社會」或者「我要成立一間超越谷歌、世界第一的ＩＴ企業」之類的感覺。嗯，我個人不太會去想這種事。

我覺得有難題丟過來我反而比較好做。這次合併，用麻將來比喻的話，我拿到KADOKAWA・DWANGO這一副亂七八糟的牌，而現在的狀況是大家都來問我這副牌要怎麼打。我認為KADOKAWA・DWANGO這副牌配得很有意思，因為乍看之下，完全不知道這副牌該怎麼打才能胡。

——是的，我完全看不懂。

川上 對吧！我一眼就知道，這副牌沒有最好的打法，但是卻充滿各種可能性，有很多解決方案。像這樣大家都不知道該如何是好的領域，常常不會有競爭對手。誰都無法預料接下來會發生什麼，反而更容易成功。

多玩國本來就是這種公司。因為大家不了解，所以我們才能在沒有競爭對手的狀況下站穩腳步。接著，KADOKAWA・DWANGO又比多玩國更難以捉摸。（笑）

——是啊！（笑）

川上 正因為是未知領域，才能大展手腳。我想應該能做很多有趣的事。我認為這樣很好。所以，加藤先生說搞不懂合併的意義何在，的確符合現在的狀況。

——原來如此。

川上 越是搞不清楚的事情，我就越想嘗試，也想做出一些成果。如果每個人都能想到合併之後要做什麼，反而就不有趣了。二、三年後大家才恍然大悟：「原來是這樣啊！」不是比較有趣嗎？這次公司合併帶來的結果，搞不好會跌破所有人的眼鏡呢！

超會議與吉卜力工作室實習，都是事過境遷才了解意義所在

川上　若有朝一日回顧現在，我想這個決定會是非常有意義的轉捩點。多玩國基本上是隨興而為的一間公司，但從結果來看，很多事情卻像經過精密計算一樣。譬如說，2012年我們第一次舉辦niconico超會議※1如今回想起來，對當時的多玩國來說，超會議是必要手段。

——您說超會議是必要手段，是什麼意思呢？

川上　超會議實質上無論對多玩國還是niconico動畫，都十分有助益。因為網路平台服務，說穿了就是在爭奪「心佔率」。※2

——因為超會議，反而提升了使用者的忠誠度對吧！

川上　是的，而且超會議也是對外展示「多玩國經營順利」最好的機會。話說，為何日本的社群網站mixi會漸漸衰退，其實正是因為外界都認為mixi已經「不行了」。「mixi」和「niconico動畫」兩個社群開始活絡的時間點，「mixi」只比「niconico動畫」早了兩年。如果社群的生命週期相同，那麼我們跟著衰退也不足

為奇。

mixi 被外界貼上「玩完了」的標籤，大概是在第二、三年的時候。我們也是大概在第二年的時候，開始有人說：「niconico 動畫差不多了。」其實，不只 mixi 出現說這種話的使用者，我們也面臨同樣的問題。不同的是，我認為應該在於公司是否提供外界源源不絕的話題。

——確實如此。只要見識過超會議現場生氣蓬勃的景象，沒人會覺得「niconico 動畫玩完了」。

川上 是啊！到過現場的人就不用說了，媒體爭相報導的情況下，大眾就不得不認可 niconico 動畫仍然在網路文化占有一席之地。在這樣的氛圍下，就算有人嚷嚷著

※1 niconico 超會議：niconico 超會議的基礎概念為「在真實世界呈現 niconico 動畫」。網羅歌曲、舞蹈、插畫、技術、料理、政論節目、電動遊戲等 niconico 動畫各領域的主題，是一個以使用者為中心的超大型活動，一年舉辦一次。

※2 心佔率：指消費者心中，該企業或品牌、服務佔多少比例。其指標就是在消費者心中留下多強烈的印象。

「niconico 動畫玩完了」，也顯得沒有說服力啊！

現在回想起來，我可以說明、甚至理解為何超會議是必要手段，但決定舉辦超會議當下，我其實什麼都不知道。我去吉卜力實習※3這件事也一樣，當時只是因為我內心的一股衝動，才決定執行，並沒有經過任何計算。不過，現在看來這個決定對多玩國來說，其實意義重大。我們跟 KADOKAWA 合併這件事，我也有相同的預感。

——如您所說，若大家都能預料下一步，想必競爭會非常激烈。吉卜力也是因為沒有競爭對手，才能自由自在地創作好作品。

川上 我覺得選項多寡很重要。選項越多，可能性越大。選項少的世界，競爭越是激烈，只要走錯一步就只能以失敗坐收。而 KADOKAWA・DWANGO 就是一個選項超多的組合。

——哎呀，您說得沒錯。不過正因為選項多，反而更難著手吧！

川上 也是啦！不過我也不是所有工作都包辦，所以沒問題的。

——那太好了。我本來以為川上先生接下這個工作，是因為有不得已的苦衷。

川上　雖然辛苦，不過因為有人替我出了難題，在某個層面上，我反而能夠鬆了一口氣。KADOKAWA・DWANGO雖然不好處理，但非常有趣。這就像一幅值得讓人花時間好好完成的拼圖吧！

※3　吉卜力實習：川上先生於2011年1月進入吉卜力工作室，師事鈴木敏夫，以實習製作的身分在吉卜力工作過一段時間。

令人安心的大型國產網路平台有其必要性

KADOKAWA與多玩國合併，川上先生究竟想做什麼呢？雖然川上先生說「還不知如何下手」，但貌似已經有很多構想。其中之一，便是建立全新的電子書平台以及格式。究竟，川上先生所謂「最好的方向」是什麼意思呢？

（2014年7月9日刊載於cakes網路平台）

雖然不喜歡有目標，但我竭力追求所有可能性

——媒體報導KADOKAWA・DWANGO合併一事，大多都提及您將會整合日本的數位化產品進軍國際。關於這些臆測，實際上您覺得如何呢？

川上 嗯，這確實可行。其實，這種作法對我們有利，同時也是外界所期盼的。我想很多人在期待，未來會出現非外資企業製作、國產的、可信賴的、令人安心的大型網路平台。

——如果我們一直依賴谷歌或亞馬遜等外資的網路平台，一旦這些外資企業突然變臉，使用者就必須被迫承受不利的條件，的確讓人感到不安。

川上 對啊！而且，對日本的數位內容產業界而言，能與之共鳴的國產平台登場，我認為意義重大。因此，推得動這件事的可能性很高。

——原來這就是川上先生接下來想做的事啊！

川上 不是這樣的，不是我想做，而是有可能實行而已。

——所以，這並非您的目標？（笑）

川上 我不喜歡有目標啊！（笑）但如果這個命題有任何可能性，就值得去追求。不過，能不能實行就不知道了。

——那麼，目前還有計畫要做什麼事？

川上 有啊！我想做遊戲資訊的入口網站。其實，目前市面上還沒有網羅遊戲攻略資訊或遊戲社群的入口網站，是一個還未開發的領域。

——經您這樣一說，目前確實沒有正式的官方入口網站。大都是非官方的網站呢！

川上 而且 KADOKAWA 有『電玩通』、『電擊』等遊戲類的數位化產品（品牌），再加上以遊戲實況成為日本網路文化中心的 niconico 動畫，這兩者可以互相做結合。

——啊！原來如此。

川上 這樣就很簡單明瞭了。總之，我的策略就是手上有什麼牌就出什麼牌。接下來，就是要思考如何結合 KADOKAWA 的電子書城 BOOK ☆ WALKER 與多玩國的 niconico 書城，以及要怎麼製作新的電子書平台。畢竟現有的東西，都只是仿製美國的電子書模式而已。

——只是仿製品，是什麼意思呢？

川上 電子書這項服務，只能提供與 kindle、iBook 相同的功能。這樣不是很無趣嗎？我認為接下來勢必要做出不同的平台或格式才行。

——那想必會是互動式的平台囉？

川上 這是一定的。電子書雖深受出版社影響，但KADOKAWA・DWANGO這樣的組合出現，便可能催生出一個融合出版社與網路的服務模式。

——我也這麼認為。

川上 如此一來，我認為會產生一股巨大的潮流。我想創造一個據點，讓大眾可以享受網路時代中嶄新的閱讀體驗。

——所以不是製作專為KADOKAWA設計的平台，而是更加開放、統一規格的平台是嗎？

川上 當然。連kindle與iBook都是開放的平台了。我們本土的服務怎麼能不開放呢？

IT企業不可信？

——記者招待會上也有人問過，比起開放式的平台，做多玩國自己的平台，不是比較容易執行嗎？其他出版社可能會因為KADOKAWA跟多玩國聯手，自己就先打退堂鼓不是嗎？

川上　我不這麼想。因為ＩＴ企業本來就不可信啊！是說，多玩國也是ＩＴ企業之一。

——呃……（笑）

川上　一旦把自己定位為ＩＴ企業，就沒辦法推出最好的數位化產品與服務，外界也會認定你做不到。我也同意這種說法。所以，我想ＩＴ企業如果也同時具備數位內容產業的風格，會比較好推動也更容易獲得外界信任。

與其讓ＩＴ企業單打獨鬥，不如與數位內容產業一起創造新的平台，這樣可行性比較高。我想很多人也認同這一點。即便有人會認為這是一場硬戰，對新平台產生敵意，進而抱持警戒觀望的態度。儘管如此，這些現象仍代表這條路是可行的，畢竟危機與轉機總是互為表裡。

——是啊！我在跟出版社的人談這件事時，也覺得多數人都認為這種結合其實是件好事。

川上 對吧！這對出版業界來說應該是件好事。谷歌、蘋果、亞馬遜等外資企業擁有主導權，對數位內容產業界而言，其實缺乏良好的溝通管道。那麼 Yahoo! JAPAN 與樂天會比較令人安心嗎？比起外資企業是安心多了，但以出版業界來看，這些網站仍然是非主流。因此，我認為許多出版業界的人，都在期待出版業朝 IT 方向進化。

—— 當然，如果能這樣是最好的。

川上 是啊！我覺得我們應該可以創造一個典範。其實，目前為止各家媒體報導這次合併的消息，描述內容都非常正面，出乎我的意料之外。我想這是因為報導這些消息的媒體，也認為自己無法置身事外的緣故。所以，他們也期待 KADOKAWA・DWANGO 能成為一個突破點，期望我們改變現狀吧！

—— 這是一定的。我自己比較在意的是，多玩國與 KADOKAWA 經營的事業內容、企業文化、組織類別不會差很多嗎？

川上 怎麼會呢？出版社這樣的組織，與其說他在創造產品，不如說他提供了銷售平台與商業模式。KADOKAWA 所經營的跨媒體製作，也是網路平台企業在做的工作。這跟多玩國經營的內容也很相似啊！

——原來是這樣啊！

川上　多玩國在IT企業當中，屬於不斷推出數位產品的公司，我想多玩國有一定程度的指標性。硬要歸類的話，整體而言我們可能比較偏向網路平台企業。我認為如果沒有單純做數位產品的企業加入，那麼數位產品這一塊便顯得不足。

——原來如此。那不足的部分就由吉卜力工作室來……。（笑）

川上　不，不是這個意思。（笑）我覺得KADOKAWA與多玩國的差異應該只有員工的平均年齡不同。這應該是差異最大的部分。因為公司的歷史完全不同，所以平均年齡當然會有差距。只是，KADOKAWA內部也有年輕人，正因為這群人才創造出輕小說之類的潮流。從這個角度來思考，其實就沒什麼問題了。我覺得人與人相處，其實沒有那麼困難啦！

1 KADOKAWA・DWANGO 是這樣來的

不把產品當作是吸引客戶的工具

為何川上先生認為網路平台必須自己製作產品？ KADOKAWA 與多玩國合併的記者招待會上，川上先生表示「最好是能同時提供產品以及平台」，這次將針對川上先生的發言深入探討原因。本文後半部則拋出所有業界都深感苦惱的問題——有組織的公司是否能從事有創造性的工作？

（2014年7月16日刊載於 cakes 網路平台）

當產品淪為超市裡特價拍賣的雞蛋

——您常常把任天堂當作例子來告訴大家網路平台必須要有自製產品。這一次與

KADOKAWA 合併是不是為了要自製產品呢？

川上 是的。

——我想再問您一次，為何您認為網路平台必須自己製作產品？谷歌、亞馬遜都未曾自己製作產品，難道是因為這些網路平台規模龐大，所以不需要自己製作產品嗎？

川上 我想您一定知道 kindle 在美國的所做所為吧！kindle 以主打商品的方式，用低於書店的價格來販售暢銷平裝書。出版社為了要避免削價競爭，故意提高批發價。結果，亞馬遜仍以低於成本的價格販售給消費者，選擇以殺到見骨的方式促銷。

這是怎麼回事呢？其原因在於這些網路平台本身並不製造產品，所以會想盡辦法降低產品的價格。只要使用者增加，擴大網路平台規模，最後再來平衡帳目就好。產品對處於擴張時期的網路平台而言，就像超市裡特價拍賣的雞蛋一樣，只是招攬客戶的工具。

——嗯，的確如此。

川上 docomo、au、softbank（譯註：日本三大電信業者。）在貝殼機時代也曾經用產品削價競爭，電信業者無不拼命壓低手機製造商的價格。推出一些便宜的方案、以會員數量來定方案的優先順位、把網站設計得讓人覺得會員越多費用越划算，藉此提供消費者上門的誘因。為什麼這些電信業者會一直要廠商降價呢？因為這些手機產品降價，對銷售平台而言根本不痛不癢。

他們並未下降通話費或基本費，而是用降低手機價格的方式操作。既不傷自己的荷包又能削價競爭、招攬客戶。

——原來如此。所以多玩國在進軍來電答鈴產業時，是站在創作者的角度營運對吧！

川上 是的。我們當時也面臨電信業者要求降價的壓力，抗爭很長一段時間。本身不製作產品、單純開發平台的企業，最終只會把產品當作宣傳工具而已。

反觀任天堂這樣自己製作產品的銷售平台，絕對不會降低產品價格。任天堂反而是降低遊戲機硬體價格，靠賣軟體回收利益。所以任天堂的遊戲軟體才沒有發生價格崩盤的情形。最後任天堂能夠靠遊戲機的商業模式打贏可複製的電腦遊戲，關鍵就在於任天堂堅持軟體產品不能降價。

——也因為軟體產品沒有陷入價格戰，才能讓創作者持續做出好遊戲。

川上 從結果看來確實如此。能有這樣的成果，也是因為任天堂同時提供產品與銷售平台。

——iTunes和APP Store、Google Play等銷售平台您覺得如何呢？它們貌似經營得十分成功。

川上 但他們銷售的產品也變得越來越便宜啊！

——的確。在我自己實際製作了電子書的APP之後，更是心有戚戚焉。在APP Store販售，為了擠進銷售排行榜我不得不持續降價。

川上 沒有自己製作產品的平台，剛開始產品都會比既有平台便宜，藉此盡可能地加強自己的競爭力。開放性的平台大抵都會是這種狀況。群眾總是以自由、公平這樣曖昧模糊的道德觀念在支持平台開放，孰不知其實這種開放只是削價競爭的地獄。

沒人想解決的「難題」才大有可為

——但是，製作產品又要經營平台很困難吧！企業不會同時兩樣都做，就表示沒有能夠同時操作的知識經驗和人才。

川上 挑戰難題不是很好嗎？ＩＴ企業總是想挑簡單的事來做，對吧！（笑）但這是不對的。不過，這也是沒辦法的事。ＩＴ產業就是從沒資本沒人才的情況下起步，聚集一群想投機取巧的人而已。

——怎麼這麼說呀！（笑）

川上 創始期維持這樣的情況，其實也沒什麼不好。不過，ＩＴ產業已然成熟，想投機取巧反而不容易。這也表示，大家都不想做的事，反而更有可能隱藏商機。大家都不想做的苦差事，通常是因為做了以後容易徒勞無功。所以我認為要找出絕對不會白費力氣的苦差事來做，才是ＩＴ產業今後的課題。製造產品其實就是其中一環。你看 niconico 超會議就知道，要經營這個活動非常辛苦。

——外界也認為辦這個活動很辛苦。

川上　我想就算是再賺錢的ＩＴ企業，也會覺得舉辦超會議不容易。

——　呃……我想應該沒人想辦這種活動吧！（笑）

川上　對吧！（笑）所以我覺得很好啊！

——　針對您剛才說，要同時經營平台與製作產品這件事，我想再問一個問題。創作型的工作難以複製，並不是用教學的方式就能傳承。我想多玩國與KADOKAWA合併後，製作產品的比重將會大幅增加。但是，您如何讓公司組織不斷複製創作呢？

川上　要怎麼做呢……？我覺得要動員組織從事創作型工作還是很困難。這一點，到哪裡都一樣。

——　全世界都為此苦惱呢！

川上　是啊！這是全世界所有產業共同的問題。我覺得這種工作還是得依靠「人」。無論電視台、唱片公司都是這樣，能創作的人只能單打獨鬥。每個企業都各有幾個像這樣的創作型的「人才」。這種工作是不是能由公司組織來做？我個人覺得很困難。我們公司也是如此，像是超會議或將棋電王戰※4這些令人矚目的企劃，都是由少數人想出來的。

——這些人都是一開始就有能力提出好企劃的人才嗎？

川上 是不是一開始就有能力我不敢斷言，公司規模小的時候員工不多，都是一些沒有經驗的人在做事。我覺得從一片荒蕪開闢出道路的人，成長特別快。如果有前輩在，其實就很難成長。沒有前人種樹，才是促使人成長的好環境。當然，也有很多人沒辦法順利成長就是了。

——原來如此。所以，一直挑戰新事物很重要。

川上 是啊！而且，我們公司製作產品的團隊，從來電答鈴時代就一直研發新產品。這一群人也在 niconico 動畫裡製作現場轉播的節目等等，製作產品果然還是有創作血統存在。

——這跟創造網路服務的工程師很像耶！

川上 是啊！經驗還是比較重要。沒有實戰經驗的軍隊可謂弱兵。我認為，唯有把士兵不斷投入戰場才是解決之道。

※4 將棋電王戰：由真人專業棋士對戰電腦程式軟體的棋局。niconico動畫以現場轉播的方式呈現。

2

niconico 動畫這樣做

以CTO的身分承諾：改革基礎設備、開辦女孩經理發便當活動

川上先生不僅是董事長，同時也是管理工程師的CTO（首席技術長）。這次將深入探究兼任董事長以及CTO的川上先生，如何處理多玩國的工作、如何解決問題以及為何提出令人嘖嘖稱奇的嶄新政策。

（2014年1月22日刊載於cakes網路平台）

以CTO的身分大刀闊斧改革組織

川上　今天來談談我1年前（2013年1月）就任多玩國CTO的事好了。

——您現在是多玩國董事長同時兼任CTO對嗎？

川上 是的。因為有些問題，非得要我擔任 CTO 才能解決。

——是什麼問題呢？

川上 最大問題出在基礎設備。基本上，多玩國不讓系統開發者接觸基礎設備。我們想藉由這樣的方式來確保安全性以及應用之穩定性。

——基礎設備是指 niconico 動畫等平台，放置資料的伺服器嗎？

川上 是的。系統開發者無法接觸我們的伺服器，連總共有幾台伺服器他們都無從得知。應用伺服器的部門，會把伺服器層層封鎖。

——這是從設立伺服器開始就一直這樣嗎？能做到這樣也滿不容易的啊！

川上 以公司的立場而言，大家覺得這樣才是最好的應用之道，但我個人認為是大錯特錯。畢竟我們是一間大量使用伺服器技術的公司，為了讓使用者順暢地瀏覽影片，伺服器是最重要的一環。所以，撰寫程式碼的開發者不能觸及基礎設備，本來就是一個錯誤。

——截至目前為止，公司營運和系統架構兩者是分開的吧！

川上 兩者是分開的。這是當初工程行政部門的判斷失誤。然而，現在組織架構已然成立，身在權力階級當中的人也已經產生藩籬，如今就算想改變也很困難。因為需要大刀闊斧重整體制，所以由我擔任 CTO 以便全面性地改革。

——原來是這樣啊！

川上 也就是說，這次基礎設備改革需要的不是技術能力，而是權限。改革需要有權限、能下決定、還要有決心，所以我想我必須暫代 CTO 一職才行。

——與其說是技術面的問題，還不如說是管理面的問題。

川上 再來是研發體制上也出現問題。我們公司的工程師鮮少離職，但在一年半前，突然出現離職潮。這是很少見的現象，公司內部也因為離職潮，整體氣氛變得不太好。

——同事突然辭職，多多少少會感到吃驚吧！

川上 其實這根本沒什麼好大驚小怪的。（笑）我啊！反而對員工都不辭職感到不滿呢！

——怎麼說？

川上 還是要有一定比例的人換新，對公司組織比較好啊！

——的確，流動性滿重要的。

川上 但是，當時研發部門的氣氛實在太差了。我覺得必須讓大家重振精神才行，所以我就任CTO時，召集所有工程師，在大家面前提出承諾。

放寬從業規則後，工程師早上都不來上班了

——什麼樣的承諾？

川上 第一，就是剛剛提到的基礎設備改革。因為現在已經有工程師對此感到不滿，所以就算是用強硬的手段，我也會盡全力改善。第二，就是開辦女孩經理發便當活動。※1

※1　女孩經理發便當活動：現場請來像是球隊經理般，穿著體育服的女孩，帶領多玩國的工程師一起做廣播體操。做完體操後，女孩們會親手發送便當給工程師。細節請參照nlab（ねとらぼ）的報導：多玩國「救命啊！工程師早上都不來上班！」↓以女孩經理親手發便當為誘因，致力改善工程師的生活習慣。資料來源請見以下網址：http://nlab.itmedia.co.jp/nl/articles/1308/28/news137.html

——女孩經理發便當？（笑）您要做的兩件事，反差也太大了。女孩經理發便當的活動在網路上曾經轟動一時。每天早上由女孩經理發便當給員工，真是劃時代的制度啊！

川上　我覺得這種有趣的政策是必要的。這個計畫，其實我早就想過了。每年至少都會在會議上提過一次，但卻總是沒有執行。這次我心想此時不做更待何時？然後就在大家面前宣布這個計畫了。

——女孩經理發便當的活動是從2013年9月開始的對吧？

川上　在正式開始前，5月到6月有試辦過一次。當時女孩們穿著女僕裝，但多玩國網路平台事業本部的本部長伴龍一郎提出異議，他覺得經理穿女僕裝很奇怪，所以後來改成穿體育服。他好像，對於一些細節十分執著。（笑）雖然說是我設計這個制度，但所有細節都是阿伴在處理。

——這些女孩是從哪裡請來的？

川上　我們子公司「MAGES.」的社長手下，有一位名為志倉千代丸的男生。他曾經手 Afilia Kingdom（王立アフィリア魔法学院）系列女僕咖啡的製作。我去拜託他幫我找適合這個計畫的女孩，他馬上找來曾經在女僕咖啡工作過的畢業生。

——看照片就覺得她們好熟練喔！

川上　她們非常專業。畢竟宅男很不習慣開口跟人交談，去年我們試辦的時候，這些女孩還準備手寫卡片遞給工程師，清楚寫著「給某某先生」。真的很令人佩服。

——貼心到令人敬佩的程度！這是只限工程師參加的活動嗎？

川上　對，只限工程師參加。畢竟，是 CTO 想出來的企劃啊！（笑）我是為了提振工程師的士氣才辦這個活動。我們公司的工程師，早上都不來公司啊！業務跟企劃部門的人早上都會來，唯獨工程師……。

——工程師早上的出席率有這麼差嗎？

川上 大部分都是下午1點或2點才來，大概300個人裡面只有10個左右會在早上出現。

——是因為他們都工作到很晚……嗎？

川上 不是，更令人意外的是，他們也都早早回家。也有人會工作到末班車的時間，不過這些人都是傍晚5點左右才來，這樣算起來工作時間也差不多8小時吧？

——這種情況很常見嗎（笑）？

川上 很常見啊！大概每天的平均工作時數為8個多小時。不過，每個人的情況都不同，有人工時很長，也有不少人工時超短。我們公司沒有設核心時段，只要能夠拿出成果，你想要怎麼做都可以。結果，竟然出現了幾乎都沒來上班的員工。等我們發現的時候，他已經有半年沒來上班了。我跟某課長說：「那傢伙怎麼沒來上班啊！」他還回我：「是啊！他最近都沒來。」（笑）拜託，他沒來上班我還有付他薪水耶！我本來以為這是10年前的笑話了，結果發現其實幾年前也發生相同的事。（笑）

——那的確是很慘。（笑）公司跟員工之間應該會有定期評量或意見回饋的機會吧？

川上 半年會有一次啊！

——那，也就是說最長可以翹班半年？

川上 我們公司自從設置上網打卡的系統之後，不知不覺就出現自動幫沒來的人打卡的程式。（笑）

——不愧是工程師啊！那麼，女孩經理發便當的活動開始後，上班的情形改善多少？

川上 大概有100人會在早上10點半以前來上班。

——哇，是以前的10倍耶！

川上 這是非常戲劇性的改變。活動非常成功！

——早早起床、活動身體、好好吃飯，感覺對工作也很有幫助呢！

川上 這個活動評價非常好。有人是為了和女孩經理見面而來，也有人為了免費便當而來吧！反正我本來就是打著如意算盤在設計活動的。（笑）

——便當看起來很好吃。

川上　看起來很好吃吧！我們員工餐廳賣的便當，售價是一個五百元日幣，女孩經理發便當活動準備的是七百元日幣的便當。我設定的概念就是——便當免費，而且品質很好。只是便當菜色太豐富、卡路里過高，是這個制度唯一的缺陷。（笑）雖然早上女孩們會帶著大家做早操，但是便當的卡路里大幅超出早操消耗的卡路里。這對身體健康到底是好還是不好，我也很難回答。

——您以CTO的身分介入研發體制，組織上是否順利獲得改善呢？

川上　我覺得改善很多，公司內部溝通變好。我們的辦公室在2013年7月搬到歌舞伎座塔樓。我們可以說是靠搬家跟女孩經理發便當活動重振了整間公司。

——您還有以CTO的身分做其他事嗎？

川上　我還舉辦了CTO學習會。所謂的CTO學習會，就是CTO要學習很多事情的學習會。（笑）

——不是CTO去教別人？（笑）

川上　其實就是我會詢問大家最近有什麼新的程式語言之類的。我在當程式設計師的時候，還在用C＋＋。所以之後的網站服務技術進化到什麼程度，都要靠大家告訴我。

——您自己寫過程式嗎？

川上　嗯……以前用C語言寫過程式，但現在完全不會寫了。我創立多玩國之後，就再也沒寫過。經手Dreamcast（譯註：ドリームキャスト是日本SEGA公司最後一款電視遊樂器。）的工作時，我也曾經做過軟體設計、除錯之類的事。

——學習會是很好的方法耶！畢竟是提供網路服務的公司，如果高層不瞭解最新技術，就沒辦法設計出新的服務。

川上　是啊！我也這麼覺得。所以每次學習會都找5、6個人來，2013年花了一整年的時間向大家請益。我也趁機會了解公司現在正在開發什麼技術，感覺我好像會變聰明。（笑）這個學習會真的很有意義。

製作亂七八糟的使用者介面

niconico動畫常常更改使用者介面（UI），常被外界批評「越改越爛」。川上先生與變更使用者介面大有關係，他語出驚人地坦言：「其實，我忘記當初是為了什麼保留這個空間。」、「有時是因為太麻煩導致整個企劃中止。」儘管如此，只要深入了解來龍去脈，就能明白川上先生其實從頭到尾都貫徹niconico動畫獨特的經營方針。

（2014年2月5日刊載於cakes網路平台）

我想先跟大家道歉

川上 對了，我今天想針對niconico動畫的UI※2，跟大家解釋一下。

——解釋？

川上 niconico動畫常常更改使用者介面。從第一代的「niconico動畫（暫定版）」開始到2007年為止就改了4次，2008年也改了5次不同版本。之後，2009年改為「niconico動畫（9）」；2010年又改為「niconico動畫（原宿）」。

——2010年取名為原宿，是因為當時niconico本社※3設在原宿嗎？

川上 是的。不過，我們也不是拘泥於地名啦！原宿之後的版本取名為「niconico動畫：Zero」，這是2012年5月才開始，而且這個版本風評非常差。

——我在搜尋引擎裡面輸入「niconico動畫：Zero」，就會出現「好難用」、「跑不動」之類負面的關鍵字耶……。

川上 是啊！那個時候2channel（譯註：日本最大的電子布告欄。）上面出現很多批評Zero的言論。當時我們大幅度變更使用者介面，所以讓大家很不習慣吧！因為意見最多的人，基本上都是niconico動畫的重度使用者。

※2 UI：User Interface使用者介面的略稱。
※3 niconico本社：ニコニコ本社是使用者可以交流、體驗niconico文化的設施。2014年10月移至東京都的池袋。

——不過，這些改變應該都是有營運上的考量吧！

川上 呃……我想先跟大家說：「對不起。」

——對不起？

川上 niconico 動畫有時候會做一些亂七八糟的使用者介面。而且，這些亂做的介面，通常都跟我有關。大家覺得超難用或者不知道在幹麼的介面，大多都是受我指示做出來的。

——什麼！背後有什麼意圖嗎？

川上 最早激怒使用者的介面，是左上角空間。當初只是一個毫無意義、連廣告也沒有的謎樣空間。說要保留這個空間的人，就是我。

——毫無意義的區塊上有寫什麼文字嗎？

川上 寫了什麼啊？我記得是有寫「niconico 動畫」之類的。（笑）

——是滿合理的啦……

川上 不過那對使用者來說只是佔位置又礙眼的空間。

——您當初為什麼會保留這個空間呢？

川上 在很久以後我才想到要把這個空間拿來給營運端寫註解之類的。現在也如我所想，當初留下的空間成為營運者寫註解或發布即時訊息的地方，最後還是變成有意義的空間。我本來就打算留下空間寫東西，但當時研發花太多時間所以沒能執行。

——如果是公布訊息用的話，留下空間是理所當然的吧……。

川上 不，只要改變介面，使用者就一定會抗議。因為我知道會這樣，所以才先改起來放。我先把介面亂做一通，等這些空間的功能開始運作，大家就會覺得有所改善，比較容易被接受。其實，niconico 動畫是故意「先做亂七八糟的介面」。

——原來如此！這方法真是太棒了。

川上 譬如說 Zero 版本時，左側也有留下空間，什麼都沒放非常礙事。下令留下空間的人，也是我。

——那這個空間，現在拿來做什麼用途？

川上 呃……好像在換版本的時候拿掉了。因為被使用者大肆批評。（笑）

——被拿掉了啊！那原本是有想要做什麼才留的吧？

川上　沒有耶。本來是想說留下來以後可以用在別的地方，但我當時在忙使用者介面以外的事，後來連自己有留空間都忘了。我常常這樣，總是先留再說，結果忘記自己有留。也因此常常惹使用者生氣，被大家說「越改越爛」的始作俑者，大部分都是我。（笑）

——基本上您也是想做得更好才會保留空間吧？

川上　當然也有一部分是期望會越做越好啦！不過，我個人總是抱著先亂做一通再說的想法……真的是很傷腦筋的傢伙對吧！（笑）我之後也想過要好好改善，但是很多事情都被我遺忘了。

——這也是沒辦法的事，畢竟製作產品這件事，做了之後發現行不通的情形也不少啊！

川上　對啊！而且我說因「種種因素」忘記當初要做什麼，其實也包含我太著迷於打電動結果沒去公司上班、或跑去吉卜力實習之類的事，想到這些，我真的感到很抱歉。我想藉著這個機會向使用者們道歉！真的很對不起大家，一切都是我的責任。

因為有趣才開始，最後覺得太麻煩而結束

川上　話說，我還做過其他很爛的介面功能，譬如說即時訊息。

——就是看影片看到一半，畫面突然全暗，然後跑出「niconico 動畫♪多玩國整點公告」的訊息對吧！

川上　對，就是這個！

——影片突然被中斷，其實我也覺得很礙事。（笑）為什麼會想做這個功能呢？

川上　因為我覺得很有趣啊！

——呃……有趣是有趣啦……。（笑）

川上　是吧！你也覺得有趣吧！如果大家對這個即時訊息有所評論，你就會覺得：「原來有人跟我同時間在收看一樣的影片！」

——啊，確實如此。這的確是很有同時收看節目的感覺。雖然影片裡也有評論，但大多都是過去留下的東西，留下評論的人未必正一起收看影片。

川上　沒錯，就是這樣。我當初就是想讓大家感受即時分享的樂趣，才開發了即時

訊息的功能。當初覺得「很有趣」才開始，之後會想要變成固定模式，是因為在使用者之間成為一大話題。

——是「即時訊息超礙眼」之類的負面話題嗎？

川上 負面話題也無所謂。我甚至覺得「爆怒」、「煩耶」、「好礙眼」這種負面評語反而比較好。因為這種字眼更容易引起討論。

——原來如此！因為有共通的敵人，所以會產生團結的力量。

川上 是的。我想說如果只有一個共同的敵人，大家應該可以接受。（笑）其實當這件事成為話題時，它就已經是 niconico 使用者的共同經驗了。我覺得這樣很好。

——原來如此。這個即時訊息的功能後來好像也用在廣告上對吧！

川上 對。但後來因為太難搞所以就不做了。每次都得做原創廣告，實在很麻煩。

——的確，多玩國沒有這種廣告類的產品。

川上 就是說啊！我們做了幾次之後，漸漸開始覺得麻煩。雖然對使用者很抱歉，但 niconico 動畫常常因為覺得麻煩，就中止整個企劃。

——還有哪些企劃也是因為麻煩而中止呢？

川上　2008年到2009年間，我們曾經執行過「nico強制參加遊戲」。雖然風評很好，但每次都得做新的遊戲，工程太浩大。我提出可不可以暫停一下，結果這個企劃就銷聲匿跡了。（笑）

——是這樣啊！我不知道有「nico強制參加遊戲」呢！

川上　我們大概只做了1年。每週三的某個時間點突然開始進入遊戲模式，不管你在看什麼影片，都會強制切換到這個遊戲。很過分吧！（笑）遊戲結束後，我們會公布全國排名。

——感覺很有趣耶！

川上　而且進入排行榜的使用者，會顯示分數以及當時正在看什麼影片。如果剛好在看色情影片的話，只能說他是勇者了。（笑）

——那不是超丟臉的嗎？（笑）

川上　這如果是其他網站做的話，應該會延燒成「洩漏個人資料！」之類的慘案。但是在niconico動畫只會被批評「超過分的www」、「經營者好差勁wwww」如此而已。

讓大家覺得我們是一間「令人沒轍的公司」

一般公司都會盡量避免被客訴。然而，川上先生卻說他常故意做些引起客訴的事。「令人沒轍的公司」究竟是什麼樣的策略呢？另外，這次也將訪問川上先生，跌破外界眼鏡成功轉虧為盈的關鍵為何？（2014年2月12日刊載於cakes網路平台）

我一直致力於營造niconico動畫「令人沒轍」的形象

川上　niconico動畫常常任意公布使用者的個人資料。

——呃……可以舉個例子嗎？

川上　譬如說公布打贏遊戲的玩家ID以及他當時觀看的影片、公布第100萬個使用者的ＩＤ等等，並非真實的個人資訊，而是 niconico 裡設定的ＩＤ資料。我們的方針就是故意未經許可擅自使用這些資料。

——……一般公司應該會因為怕有客訴而避免做這種事吧！

川上　我想應該是喔！不過，niconico 動畫是反其道而行。為了確保 niconico 動畫自由交流的性質，公司本身必須培養對客訴無感的體質才行，我認為這很重要。

——對客訴無感的體質？

川上　日本社會屬於嚴以律己型。如果遇到客訴或任何抱怨，不會質疑對方而是先道歉再聽取對方要求，把自己的責任範圍越拉越廣。像電視台就是這種情形，很多議題都因此碰不得。

——一般而言，都會害怕因為客訴，導致業績下降或使用者離開，所以沒人會像 niconico 動畫一樣挑戰客訴。難道您不害怕嗎？

川上　實際上業績沒下降，而且我也不覺得使用者會因為這樣就離開。換個角度想，一一回應客訴，其實風險很高。只要回應一次客訴，下次就不得不繼續回應，否則就會令人覺得：「這次竟然沒回應，太不公平了！」反而導致風評變差，最後只會被客訴牽著鼻子走。客訴發生的當下，或許傾聽是最輕鬆的選擇，但我認為這對將來肯定有負面影響。

——這與之前您說變更介面的事情很有關聯呢！

川上　是的。一般公司如果變更介面被批評得一無是處，可能就會改回原來的版本。不過，niconico 動畫耐得住客訴，所以沒問題。嗯……不過，被大家批評得體無完膚就是了（笑），但我們的使用者應該都覺得「反正講也講不聽」，所以呈現放棄狀態。

——就算多少都會招來不滿，但確保自由度還是比較重要對吧！

川上　對啊！我覺得自由比較重要。網路服務必須確保自由，這是最重要的事情。簡而言之，我是在營造「如果是這間公司的話就沒轍」的形象。

——您如何營造這種形象呢？

川上　niconico 動畫起步的前1、2年，營運者所公布的訊息、評論我全部都會看過一遍。與其說看過，不如說幾乎都是我寫的。

——您是說「最新消息」之類的文章嗎？

川上 沒錯、沒錯。我從那個時候就為了塑造「令人沒輒」的形象而發出訊息。

——沒想到連這種訊息都是您親自寫的！不過，能在公開訊息裡寫一些攻擊性言論的也只有負責人了。您試圖提高公開訊息的自由度，是為了保障公司整體的創造性嗎？

川上 說好聽一點是這樣沒錯。不過，我想應該是比較接近「防止陷入官僚主義的思維」。

——防止變成一間無聊的公司對嗎？

川上 是的。公司規模越大，越容易變得隨波逐流。

——的確如此。有客訴也無所謂的思維，正是反其道而行的態度呢！

本來想說 niconico 動畫只要撐 5 年就好

川上 但，這種作法不見得總是有效，我們也經歷很多失敗。尤其是 niconico 動畫在公司組織、網站營運上，問題堆積如山。

——但我看公司最近的業績等資料，都顯示運作很順利啊！

川上 不，那只是表面上帳目平衡而已。niconico 動畫剛成立時，我其實抱著炒短線「只要撐個 5 年就好」的想法。

想著想著，今年都邁入第 7 年了。現在，因為當初只想營運 5 年所以沒發現的問題、或者以前勉強闖關成功的部分，都開始出現漏洞。目前我們最大的挑戰就是解決這些漏洞。多玩國本身的公司組織，也因為只考量經營 5 年，缺乏人才培育的部分，現在已經嘗到苦果。

——為什麼當初只考慮經營 5 年呢？

川上 niconico 動畫原本就是想與 YouTube 競爭才發展的服務，而我當初規畫這場競爭大概5年左右會告一段落。

——就現況而言，niconico 動畫已經是日本社會的一部分，您應該不會只想維持5年計畫吧！

川上 我當然也想再延長 niconico 動畫的壽命。所以我才會從公司組織開始徹底改革。2 年前荒木（隆司）任職總經理後，我們就開始認真經營多玩國了。我們在這

之前，幾乎都沒考慮過公司賺不賺錢。（笑）

——如此能經營到現在實在太厲害了。

川上 我認為這2年利潤結構的確大有改善。譬如2007年開始「官方直播」的節目，製播費雖由多玩國負擔，但這幾年因為官方直播而加入付費會員的會員數增加，扣掉製作成本我們仍然獲利。付費會員※4在2013年已經突破200萬人。

——真的太強了！您創造了200萬人每月支付540元日幣的制度。

川上 藉官方直播獲利、以付費會員的方式讓公司轉虧為盈，都是以前外界覺得我們不可能辦到的事。不過，我們嘗試之後竟然也成功了。2012年第1次舉辦**niconico**超會議，造成龐大虧損引起大家熱烈討論，對公司而言已經達到良好的宣傳效果。第2次超會議也成功落幕，第3次預計於2014年4月舉行。現在超會議已經成為**niconico**動畫非常重要的一部分。

※4 付費會員：每個月支付540元日幣，可獲得比一般會員更好的服務品質。提供讀取影片的速度更快、能使用全螢幕功能、大量使用者上線時，保證收視品質等服務。2014年6月底，付費會員已增至229萬人。

——您認為這樣算是成功了嗎？

川上　我認為就結果而言算是合乎成本了，而且時間比我預想還早。從商業面來看，算是很快就有成果；但從技術面來看，炒短線的考量下所衍生出的問題，還需要時間解決。我們正在全面性地調整以前拼拼湊湊之下完成的工作。今後也會推出更完善的介面，希望使用者們再稍等一段時間。

2 niconico 動畫這樣做

預防工程師由愛生恨

多玩國是以工程師為中心的公司。在這樣的生態中，企劃師似乎很難領導工程師做事。本來嘗試讓女性擔任企劃師，以解決這樣的問題，不料工程師卻由愛生恨；培養工程師轉為企劃師，也因為工程師的性格特質而窒礙難行。除此之外，我們也將一併論及想出本節主題的川上先生，心裡自成一派的「理論建構方法」。

（2014年10月15日刊載於cakes網路平台）

為了把天馬行空的想法正當化而套用理論

——這次訪談前，您傳給我訊息說，您有想談的主題。接著，我收到「企劃師跟工程師哪個地位比較高？」、「多玩國有太多工程師由愛生恨」之類片段的筆記。

川上 啊！對了，由愛生恨！沒錯，我當時的確很想談一談這個話題。我一鼓作氣寄了很多給筆記給您，過了一星期已經忘光光了。我本來是想談什麼啊？

—— 您還有說什麼「因為深愛，反而棄愛的男人」之類的。這到底是想要說什麼呢？（笑）

川上 啊！我慢慢想起來了。對了，說到這個，我通常會先有結論後，才思考理論架構，這是很文科的思考模式。而且，我創造很多服務，都是來自於這種思考模式。

—— 您的意思是？

川上 如果我想到什麼有趣的東西，會為了讓大家聽我說，硬是加上一些理由。而且，我想做的事，通常都不太正經。

—— 怎麼會呢？（笑）

川上 如果只是說些不正經的話，根本沒人會聽，所以為了創造讓其他人聽我說的機會，只好思考理論架構。我的目標是，在看似條理分明的論述裡，加入俏皮的元素。像「niconico 町會議」※5就是很典型的例子。我們已經有了「niconico 超會議」，我從「超會議」的諧音聯想到了「町會議」，於是我就想說那就來做做看吧。（譯

註：超會議和町會議的日文發音相同。）

——呃……原來是這樣啊？

川上 「nicofarre」也是啊！你不覺得nicofarre這個名字超有趣的嗎？（譯註：nicofarre是小型活動會場，四周有大型LED螢幕，可容納160個座位，於2011年7月18日開幕。）

——非常有趣。此舉相當驚人。（笑）

川上 我很想「在velfarre舞廳的遺址上蓋nicofarre」。（譯註：velfarre於1994年12月開業，2007年1月1日因土地租約期滿歇業。開業時號稱是亞洲最大迪斯可舞廳，地上建物與地下室各三層樓，可容納1500人。）於是我開始思考要怎麼樣才能讓大家接受，結果我以活動會場的方式實踐了。唉呀，我的想法還真的是很文科耶！（笑）

——您是理科與文科性格兼具的人吧！

川上 每個人都是這樣吧！只是什麼場合用什麼性格來思考，大家各有不同選擇而已。不過，這種時候理論完全就是一種手段啦！（笑）所以才會變成這種公司啊！

（笑）我一直都是從結論反推出理論的。

——真的嗎？

川上 真的。我把辦公室移到歌舞伎座塔樓，起初也只是想「從明治座搬到歌舞伎座」而已，為了成功說服大家，才思考如何架構出一套邏輯。想出「從代表大眾娛樂的明治座，前進代表傳統娛樂之歌舞伎座」之類的標語，形塑「ＩＴ業界的老品牌——多玩國」的形象。（笑）

——這比起單純說想搬家，更容易被大家接受對吧！（笑）但其實想法的根源來自……。

川上 大部分都是無聊透頂的小事。不過，我覺得這樣也不錯。理論越多越能正確模擬實際執行的情形。然後，在實踐過程中也會為了符合理論，想出很多看似不可行的方法。公司不能單純用瞎掰來運作，我們也必須考量商業價值。

※5 niconico町會議：多玩國在2012年開始舉辦的官方活動。地點由使用者推薦，結合各地的夏日祭典一起舉辦。

我想應該很多人都想用最低限度的理論來經商，所以造成競爭對手多、不容易經營的狀況。一般而言，大家都會在正確的前提之下，用最小限度的理論來思考如何賺錢。然而，我卻提出和大家相反的意見，所以需要大量的理論來說服眾人。這跟充滿矛盾的天動說一樣，不多想點道理來解釋是不行的。（笑）

——簡而言之，只要想做一件新的事，就必須想很多理論囉！

川上 這看似理所當然，但我認為十分重要。還有，這個方法因為前提和大家相反，方向不同的想法具有多樣性，所以競爭對手也少。如果你想在正確的前提上架構理論，會有很多人抱著相同想法加入，競爭也就更為激烈，畢竟真理通常都只有一個。所以我自認我的方法在商業上比較有效果耶！

——嗯……從頭到尾聽下來覺得這好像在瞎掰……（笑）

川上 啊！對啊！我就是要表達瞎掰是很有效果的。（笑）瞎掰沒什麼不好啊！

——不過，最近常聽到的文案設計、用故事來擬定經營策略之類的，其實說不定也是一種瞎掰啊！

川上 故事就是瞎掰的一種啊！可見瞎掰多麼有力量。我覺得這才是對的。

多玩國好多「沙烏剎」

川上 我們趕快進入工程師跟企劃師的主題吧！我已經慢慢想起來我要說什麼了。

—— 當然，我想這個部分一定很多人有興趣。

川上 我們公司的平台事業本部有一位名為設樂的員工。他一直是做企劃的，是一位非常有想法的人。2014年4月多玩國公司內部設理髮院，媒體爭相報導，這也是來自他的企劃。

像設樂這樣不是工程師出身的企劃師，很少有人能一帆風順。工程師多少還是會輕視毫無技術知識的人。專精於技術的工匠都有這種特質對吧！所以工程師通常都不願服從只出一張嘴的企劃師。

—— 這我能理解。

川上 我們曾經採用應屆畢業生來擔任企劃師，結果卻來了很多搞錯方向、自以為是創作者的人。

—— 自以為是創作者？（笑）

川上　他們以為把腦子裡想到的東西講出來就叫做企劃。自認自己是創作者，是很好啦！但是我希望他們能對創作者有正確的認知。優秀的創作者是用理論在製作產品的。在製作產品時，為了提升產品的稀有價值，有時會利用感性的手段。現在產品滿街都是，稀有價值當然也是決勝的關鍵，但理論仍然是基本中的基本。

——　原來如此。

川上　但他們都沒能理解這一點，單純地認為企劃就是要訴諸感性，想到什麼就說什麼。你用想的只要5秒鐘，但工程師為了實踐這個想法可能需要1個月，久一點的話甚至需要1年。如果這個企劃最後以失敗收場，當初提出計畫的企劃師不管說什麼，工程師都聽不進去了。要說服工程師，必須要說明企劃本身的正當性，要說明正當性就必須有清晰的理論架構。這就是企劃師與工程師成為一個團隊時，最難拿捏的部分。

　如果雙方不能攜手前進，那麼整個計畫將會窒礙難行。能清楚說明企劃的企劃師少之又少。所以我曾經試著在企劃部門裡，增加沒有經驗的女性工作人員。

——　喔？目的是？

川上　如果企劃師是女性，那麼工程師就會覺得她不懂技術方面的問題是正常的，甚至還會想要幫忙。如此一來，工程師自己也會開始思考企劃。這個政策，剛開始的時候很有效，但後來卻漸漸失靈。因為工程師發現，就算自己對這位女性有好感，對方終究不會和自己交往，本來想幫助對方的心情反而轉為憎恨。

——這……（笑）可是，您本來就不是為了要讓他們交往才刻意安插女性職員吧！

川上　嗯，當然！不過，一起工作久了，人難免都會日久生情。工程師們因為有一次教訓，便開始戒備。即使面對新來的女性企劃師，也會從一開始就抱著：「我不會再上當了！」的態度。後來反而是和男性企劃師一起，比較能順利工作。

——真辛苦。

川上　這個現象，設樂把它稱為「沙烏剎化」。

——呃……可否請您解釋一下「沙烏剎」是什麼呢？

川上　沙烏剎是《北斗神拳》這部漫畫裡的角色之一，他是個沒血沒淚的暴君。其實，他原本是很深情的人，無奈為愛所苦，所以他覺得與其如此痛苦、悲傷，不如不如不愛，最後便捨棄了情感。

——是的。（笑）

川上 也就是說，我們公司的工程師，因為對女性的情感太過深厚，反而捨棄了情感。（笑）

——所以稱為「沙烏剎化」啊！

川上 他們現在完全執行「不退縮、不討好、不回頭」的三不政策，說什麼都聽不進去，企劃部的領導人設樂才會形容他們都「沙烏剎化」了。一般來說，只要在團隊裡安插一名女性，溝通就會變得比較圓融。這跟談不談戀愛無關，職場裡只要有一個大嬸在，氣氛都會變得柔和對吧！但我這次深深感覺到，要在充滿工程師的環境裡安插女性工作人員，必須非常慎重。

——這也不是下令「不要喜歡人家」就能解決的問題，真難掌握啊！（笑）

川上 在那之後我又想出新招，讓工程師轉任企劃。如此一來，企劃也懂技術，工程師就願意與企劃師溝通了。

——原來如此。但是，工程師成為企劃師難道不會因為了解技術而受限嗎？

川上 不會耶！反而因為了解技術，才能發揮到極限。不過，這個政策也有問題。

工程師當中能順利轉任企劃師的人，出乎意料地少啊！（笑）

——為什麼？

川上 企劃師需要某種程度的溝通能力。工程師大多都缺乏溝通能力。應該說，幾乎都缺乏溝通能力才對。（笑）

——嗯，但這或許也是工程師工作上需要的特質啊！（笑）

川上 是啊！

企劃師比工程師偉大

川上先生斷言企劃師跟工程師相比，企劃師比較偉大。沒想到工程師地位崇高的多玩國，創始人竟然如此思考，著實令人意外。不過，川上先生自有一番道理。在訪談最後川上先生還表示：「多玩國會成為重視設計師的公司」。這次訪談，將出現許多顛覆多玩國形象的內容，敬請期待。

（2014年10月22日刊載於cakes網路平台）

企劃師與工程師究竟誰比較偉大

川上　我們先聊聊企劃師與工程師誰比較偉大如何？我個人認為企劃師比較偉大。

追根究柢地說應該是這樣沒錯。不過，我們公司非常重視工程師，所以企劃師的地位很低。

我想是因為企劃師沒有創造出應有的價值。企劃師這個職務層級並不高，但企劃本身影響層面很廣，所以我才說企劃師比較偉大。

——是啊！

川上　企劃師所想出來的企劃案，要有許多工程師配合才能完成。所以企劃本身的精密度必須非常高。其實，企劃師的能力幾乎左右計劃的成敗，影響力大過工程師。然而，能體現出這種價值的企劃師卻如鳳毛麟角。（笑）

——確實如此。

川上　不僅是能體現價值的企劃師稀少，要培養這樣的人才更是難如登天。相較之下，工程師就比較容易成為實質戰力，也因此，多玩國的基本思想便只好偏重於工程師。

不過，如果有優秀的企劃師，那麼企劃師絕對比工程師偉大。所以，我們公司也因為希望能擁有更多優秀的企劃師，才會嘗試配置女性企劃師、或者讓工程師轉任企劃師等方法。我接下來想嘗試讓設計師轉任企劃師。

——您是說設計師嗎？

川上 遊戲業界也曾經有過類似的情形。最早是程式設計師地位崇高，曾經由程式設計師掌控大局。

不過，現在倒是有很多有名的遊戲創作者，都是學設計出身的。任天堂的宮木茂先生，原本也是設計師。CAPCOM的岡本吉起先生，原本還是插畫家呢！

這表示程式本身變得複雜，已經不可能光靠一個程式設計師就完成所有事情。所以，企劃師必須是一個能夠了解整體大局的人。當程式設計開始精細分工，設計師反而容易掌握整個企劃的全貌。

畢竟，設計師創造了直接與使用者接觸的窗口。因此，讓設計師成長為企劃師，應該可以水到渠成。我認為從設計師當中開發企劃人才是正確方向。

——原來如此，原來是這樣啊！

川上 我們公司也有一些使用者介面，是以調整型的企劃師為中心來進行製作，但是這種類型的企劃師由於過程中必須要聽取工程師的意見，做出來的介面評價其實不太好。

相反地，我們的子公司「QTERAS」[※6]負責開發出可以用3DS或PS Vita、Wii U收看niconico影片的軟體。他們製作的使用者介面十分創新，評價也很好。這間公司正是讓設計師主導整個開發計畫。

——那麼，目前為止多玩國內部的設計師人數與地位如何？

川上 人數很少。感覺很像是公司內部的外包商一樣。工程師做好能動作的畫面之後，再請設計師畫出工程師指定的圖。

但其實不應該是這樣的，應該讓設計師掌握主導權才對，但是這麼做就會發生「工程師不服從的問題」。工程師多半都會認為，憑什麼要讓不懂技術的人指手畫腳。

這的確是個難題，但我們正在想辦法解決。我們嘗試增加設計師的人數、把設計師的地位提升到與工程師相同的程度，再把設計師培養成企劃師。我想最後多玩國

※6　QTERAS：キテラス，2014年10月被多玩國合併。

應該會成為設計師主導企劃的的公司。

——多玩國重視工程師的印象太深刻，我想這是非常重大的轉變吧！

川上 可是，我們在製作 niconico 動畫最初版本的時候，有一位名字叫做中川的設計師，他擅自設計了很多東西。所以，當初其實是設計師在主導整個製作過程的。

——niconico 動畫初期的設計的確走在時代尖端呢！

川上 是啊！多玩國初期採用以設計師為中心的開發方法。只是，隨著系統越來越複雜，設計就被拋在腦後了。

多玩國仍然是以工程師為主的公司

——重視設計是否表示 niconico 的氛圍也會像 Apple 一樣呢？

川上 完全不同。

——但是這一種強調尊重設計師、重視設計的經營模式，不是由 Apple 開始的嗎？

川上 其實，Apple的目標是功能與設計並重。只不過，一般在討論「Apple風格」時，帥氣的設計總是成為焦點，大家並未理解它實質上的目標。

——嗯，我也覺得大家的確有些誤解。

川上 多玩國的目標，並非產出酷炫的設計。

——這感覺是最近很流行的說法。您指的是在設計師主導下，更為重視使用者介面（UI）、使用者經驗（UX）之開發呢？您是不是很想這麼說啊？（笑）

川上 才沒有，我沒有這樣想啦！（笑）

——但您想表達的是這個意思對吧！

川上 的確如此。

——您為何不想提起UI或UX呢？

川上 嗯，因為說這些話的人，看起來很膚淺啊！（笑）我不想被歸類成同一種人。實際上操作時，我們的確會重視UI、UX，但是讓設計主導這件事，並不只限於UX等範圍啊！我認為這不是重視使用者感覺之類的狹隘範圍，而是有整體的戰略目的。

而且，我們公司仍然是以工程師為主的公司啊！最重要的是，如何讓這些支撐著公司的工程師們往對的方向行動。所以，我才會想培養有設計說服力的人來帶領工程師。

2 niconico 動畫這樣做

思考依照原理能做到什麼地步

多玩國內以作風強硬的PC派工程師為主，他們似乎認為UNIX派的工程師不夠嚴謹。從開發遊戲伺服器時代開始，一直到經手網頁服務，川上先生將會告訴我們，究竟是什麼樣的技術能力支撐著多玩國。

（2014年5月28日刊載於cakes網路平台）

工程師分成PC與UNIX兩種派別

川上　我想談談多玩國的技術能力。

——啊！之前也聽您說過，致力於使用最近的程式語言C＋＋，我覺得非常有趣。目前，網頁服務所使用的程式語言，幾乎都是以Ruby或者PHP為主，您堅持用Ｃ＋＋是否因為網頁主要以播映影片為主？

川上 不是耶，我們本來就喜歡用Ｃ＋＋。應該說，我們家的工程師只會用Ｃ語言或Ｃ＋＋寫程式。

——這很少見耶！

川上 對吧！我們公司在某個時期連一個會寫 Perl（譯註：高階、通用的程式語言，應用範圍廣，可用於圖形編輯、系統管理、網路編程等。）的人都沒有。所以我們開始做網頁服務時，連ＣＧＩ[※7]都全部用Ｃ＋＋寫喔！（笑）

——什麼！ＣＧＩ一般來說都是用保守但方便的手稿語言撰寫吧！如果用Ｃ＋＋就要一直使用編譯器[※8]，不是很麻煩嗎？

川上 可是，我們沒有人會用 Perl 語言啊！（笑）正因為比較輕鬆，我們才會使用

※7　CGI：通用網關接口（Common Gateway Interface）讓網頁伺服器可以依照網頁瀏覽器的要求啟動程式。用任何程式語言都可以撰寫，但實際上大多使用 Perl。

※8　編譯器：把程式語言寫好的軟體設計圖（原始碼）轉換成能夠在電腦上執行的程式語言（目標語言）。

C＋＋來寫。

——那麼在90年代後期，開始提供來電答鈴服務的時候，也是使用C＋＋在運作嗎？

川上 是啊！我們也有用過Apache。※9我們先吸收各手機公司HTML的規格差異，再用C＋＋寫出附有我們獨創標籤的代理伺服器※10，最後用Apache驅動。

——也就是說，從通訊基礎開始，全部都是用C＋＋來開發……。

川上 我們在做遊戲機的函式庫時，從控制串列埠到套接字※11都自己寫。我們公司原本就是做連線遊戲用的伺服器。當時也用C＋＋寫，所以我們都覺得伺服器本來就應該用C＋＋寫才對。

程式設計師分為兩派。分類方式雖然很多，但基本上分為UNIX※12與PC兩大派別。

——原來是這樣啊！

川上 UNIX派的人會認為記憶體、硬碟這些計算資源是無上限的。如果不夠，花錢增加硬體就好。或者認為硬體之後會不斷進化，所以沒關係；PC派的人則會竭力運用手頭上的計算資源，思考如何在有限資源中把軟體做到極致。程式設計師大概就是分成這兩派。

——這我能理解。

川上 認為計算資源無窮無盡的 UNIX 派，總是會去追求漂亮的原始碼以及系統結構；相對地，PC 派則會比較重視寫出來的成果。所以，我們公司是屬於 PC 派的。

——畢竟是做遊戲起家的，這也是理所當然的事。

※9 Apache：網頁伺服器軟體之一。本軟體免費，由程式設計師志工開發。

※10 代理伺服器：從內部網路要連結到網際網路時，為確保能夠快速、安全地通訊而設置的中繼站。

※11 套接字：為了讓不同程序得以彼此通訊而擴張的介面。

※12 UNIX：此作業系統以軟體移植性高的語言撰寫，原始碼較為緊密，所以能移植至不同系統平台。學術機構以及電腦製造商，開發出許多獨創類的 UNIX 作業系統。

PC派工程師喜歡掌握、控制一切

川上　哪一派比較好，其實要看情況，我覺得兩種思考模式都是必要的。只是，PC派工程師會認為，受UNIX文化影響的網頁工程師想法不夠嚴謹。UNIX派的人認為計算資源無上限，所以不會想辦法利用空間，說穿了就是太過依賴工具。你看Java以後的程式設計語言，連記憶體都由系統自動管理啊！

——像Garbage Collection※13之類的，會自動管理記憶體。

川上　對啊！但是，PC或遊戲工程師最受不了這種機制。他們通常都不希望自己組織的程式，被任意更動。

——有時候計算資源也會莫名地被吃掉。

川上　對啊！做遊戲的工程師，應該連malloc※14都不想用。如果讓malloc在迴路中動作，它在確保記憶體範圍或釋放記憶體時，會使得資料被切得四分五裂，最後連記憶體跑到哪去都無從得知。如果記憶體漏失，也很難找到。我們很討厭發生這些莫名其妙的事。

——原來如此。所以才會想要掌握、控制一切啊！

川上 沒錯。所以在1990年前期流行Linux※15的時候，我也不喜歡用Linux。就算要用，我也只用FreeBSD。※16

——啊，我們好像越談越深了。（笑）我自己也是Linux的使用者耶！

川上 遊戲伺服器通常都用Windows伺服器，對我來說是理所當然的事。15年前，大家都說一定要用Linux，但當時Linux實在太慢，對我們來說毫無用處。當時，Linux連多執行緒（譯註：multithreading，從軟體或硬體上實作多個執行緒並行執行的技術。）都不支援，只有連結次數較少的網站還可以勉強使用。所以我們

※13 Garbage Collection：直譯為垃圾回收，這種機制可以自動釋放程式中不需要的記憶體。
※14 malloc：C／C++的標準活動函數之一，可確保記憶體的範圍。
※15 Linux：是一種自由、開放原始碼的類UNIX操作系統之代表。在眾多使用者的幫助下發展，現在廣泛使用於伺服器、手機、電視、電腦桌面、超級電腦等。
※16 FreeBSD：是一種開放原始碼的類UNIX操作系統。FreeBSD是從加州大學柏克利分校開發、釋出的BSD（Berkeley Software Distribution）軟體群衍生而來的作業系統。

一直認為，考量伺服器的性能，Windows 伺服器才是最佳選擇。

——FreeBSD 也不行嗎？據說 Yahoo! 等網站都是用 FreeBSD 為基礎運作。

川上 是比 Linux 好一點，但當時是以 PC 為基礎的伺服器，速度最快的就是 Windows。

——我還真的不知道有這回事呢！我的印象中 Windows 伺服器又貴又難用。

川上 批評 Windows 伺服器的人通常會說，因為 Windows 就像黑盒子一樣不知道內部如何運作。我倒想反問，你會把 Linux 的內核※17 拿來用編譯器解碼嗎？大家不都只是拿來用而已嗎？應該沒有人會看得這麼仔細。

——應該是這樣吧！

川上 我想多玩國初期的工程師應該也都抱持這樣的想法，但我們都是少數派。話說回來，當初推崇 Linux 的，大多都是重理論不重實用之人。

——的確如此。我就是 Linux 使用者，最喜歡講理論，真的很不好意思。

新進員工開發出驚人的通訊系統

川上 但是，我們公司在之後也開始使用 Linux。畢竟，我們什麼都不做也會進化的系統，從長遠來看是具有競爭力的。不過，多玩國就算要用，也會到最低階的格式化工具裡面進行微調。譬如我用 FreeBSD 的時候，就重新寫了套接字的部分。

——咦？為什要做到這種地步呢？

川上 為了降低封包大小啊！

——遊戲不需要的部分就不去使用，這樣可以提升通訊速度、減輕伺服器的負擔對嗎？

川上 多玩國的傳統就是這麼做的。那個，我可以說一些很阿宅的話題嗎？網路通訊協定主要有 TCP 和 UDP※18 兩種。TCP 可以保障封包順序和缺失，

※17 內核：處理軟體與硬體之間的資料，是作業系統的核心。

※18 TCP 和 UDP：網路等 IP 通訊上會使用的協定。TCP 用於網頁、電子郵件、FTP 等；UDP 則用在串流技術等類別上。

所以值得信賴；而ＵＤＰ雖然沒有保障，但相較之下資料容量大。ＵＤＰ可以高速傳輸，適合重視即時性的通訊遊戲。

只是，ＴＣＰ在連續傳輸時，可以壓縮封包。有一種叫做ＶＪ壓縮※19的方法，可以讓40位元組的資料壓縮到８～10位元組。這樣的資料量，在透過電話迴路連接數據機的時代，是非常大的差距。

——這真的是很阿宅的話題耶！（笑）也就是說，這是為了要讓遊戲通訊更快速對嗎？

川上　是啊！通訊遊戲最重要的一點就是不能夠停滯。Dreamcast遊戲機的《電腦戰機Virtual On Oratorio Tangram》遊戲通訊就用到這個概念。

當時，Dreamcast適用數據機連結，所以通訊頻寬很窄。如此一來，ＵＤＰ的40位元組封包表頭就顯得很浪費。因此，為了減少至８～10位元組，只好把偽裝成ＴＣＰ的封包，丟到一般的ＵＤＰ封包裡。

因為也改寫了遊戲機的伺服器程式，就順便封鎖ＴＣＰ上例行重丟封包的動作，這樣就能各取ＴＣＰ和ＵＤＰ的長處使用。是不是很阿宅？

——唉呀，真是沒有想到您會做到這種程度。我個人是覺得很有趣啦！但是讀者們懂不懂又是另一回事了。（笑）您連數字都記得一清二楚，該不會是您親自編碼的吧？

川上　不是，我只是提出「應該可以這樣做」，然後就交給一位優秀的新進員工執行。我叫他去讀RFC※20，好好學習。

——叫新進員工去讀RFC！真是太強了。突然叫他學，就做出了新的系統嗎？這位員工有寫程式的經驗嗎？

川上　他寫程式是出於興趣，正式當做一份工作，我想是從多玩國開始。基本上跟應屆畢業生沒兩樣，但我知道他非常優秀，所以就交給他去做了。

※19　VJ壓縮：TCP／IP通訊時，壓縮表頭使通訊更有效率的技術。一般而言，TCP、IP的封包表頭各為20位元組，使用VJ壓縮技術可使封包大幅縮小。

※20　RFC：制定網路相關技術標準之團體IETF所發行的文件。整理網路上會應用的數據機或各種技術之規格、條件。

——您判斷原理上是可行的，這個想法本身就很了不起啊！

川上 畢竟我們還是PC派的工程師，就算進入UNIX的世界，我們還是會很在意最基本的原理。總是情不自禁想去調查封包用什麼方式傳遞，然後進行微調。所以，我才會有這些發想。

我這次所說，有關封包的往事，已經是Dreamcast在製作網路遊戲用的開發工具時發生的事情了。而且，在那之前，公司成立一年左右時，我們就已經在HTTP上開發可交換資料，類似Comet※21的技術，但比Comet出現還早了五年以上。

——當初是為何開發這種技術呢？

川上 當初是為了翻過防火牆，進行麻將之類的遊戲通訊。這是從NTT DATA委託研發的工作衍生出來的技術，我們共同擁有這項專利。之後，為了在手機的i-appli※22製作通訊遊戲時，也使用了這項技術。

其實，我之前問了當時的工程師，才知道原來以前我們已經有別的工程師做過一樣的事，但因為當下不知情所以自己又重新研發。也就是在Comet出現以前，我們公司已經做了兩次一樣的事。

其實，也沒什麼大不了的。這種現象表示，只要稍微查一下HTTP的協定，誰都能開發出這項技術。PC派工程師的特徵，就是會像這樣追根究柢地去尋找原理上可能做到什麼程度。我認為多玩國即便成為經營網頁的公司，仍深受PC文化影響。

※21　Comet：讓網頁伺服器可在必要時傳送資訊至網頁瀏覽器的一種技術。若使用Comet，就可以從網站送出資訊，改變網頁瀏覽器上顯示的內容，實踐「Push型」的網頁應用框架。

※22　i-appli：NTT DoCoMo電信業者針對行動電話服務「i-mode」所開發的行動電話用軟體。包含遊戲及天氣預報等各式各樣的APP程式。

3

niconico 動畫的運作

不抱持任何思想

為了不讓輿論一面倒，社會需要能夠冷靜討論議題的場所。為此，川上先生說niconico必須「不抱持任何思想」並「單純地發布資訊」。在這個不知道誰是誰非的年代，我們需要嶄新的報導方式。

（2014年4月9日刊載於cakes網路平台）

網路上充滿扭曲的言論

——我想請教您對日本右傾化的看法。您不覺得現在越來越多年輕人，把自我意識當作國家意識來維護自己的自尊心嗎？我覺得這種現象也加諸於網路世界，您認為如何？

川上 日本右傾化，我認為是對大眾媒體的反動。

——所以是針對左派媒體嗎？

川上 是的。我認為網路世界所發生的現象，通常都是因為能量湧入現實社會認為是禁忌的生態圈裡而造成的。右傾化也是其中之一。接下來這股能量還會往哪裡走，我也不知道。我想不只是政治議題，網路上的所有言論都已經扭曲，只是碰到政治的時候，剛好被這股力量推向右傾。

——網路上充滿扭曲的言論。這是為什麼呢？

川上 我認為是因為有很多人對現實社會感到不滿。在網路上聚集的閒人，就是很好的例子。

也就是說，他們是一群只靠片段資訊判斷的人。這種現象是不是網路世界才有，我無從得知。右傾的人不見得都錯，他們的主張也有部分正確；既有的媒體也不見得都對，媒體也有錯誤的時候。其實，我覺得很難說清楚誰是誰非。

——右傾的情形如果越演越烈，您不擔心主戰言論佔上風會招來危險嗎？

川上 喔，這倒不會。我自己也反覆思考許久，中國、韓國不是一直都採取反日政策嗎？最近反日情緒更為激昂，我想就是因為日本無動於衷。

中韓兩國對右傾化的日本憤憤難平，但這件事是否影響今後的中日、韓日關係，實在看不出端倪。總而言之，我的結論是，會不會招來危險根本「無法預料」、「無法判斷」。

——我曾經想過，或許網路世界能對現狀有些貢獻。

川上 我覺得最危險的情況，是輿論變得一面倒而且極端。極端的輿論或許是日本社會的特質，但現狀是連網路輿論也都走向極端。我正在思考，如何建立一個可以緩衝的空間。

右翼網軍的主張正確與否，其實不重要，但如果因為他們的主張，使得日本社會也隨之動搖，那就不好了。

所以，我認為應該要創造一個不容易受影響、能夠冷靜討論的空間。提供討論所需的資訊、增加幫助判斷的材料，長遠來看應該能夠指引日本社會一個正確的方向。

「批判是媒體的使命」已經過時了

川上 從前的媒體，一直都抱持著批判權力的立場對吧！

——新聞報導界就是靠批判權力發展至今啊！

川上 但我認為媒體已經充分打擊權力了。媒體大獲全勝，所以我們再也不需要挑戰權力的媒體了。相反地，媒體批判能力過高，連做好事都會被批評啊！

——的確，這種媒體生態下政治家真的很難生存。如果是我，完全不會想走政治路線。（笑）

川上 對啊！這樣的確沒人想當政治家。我認為「批判是媒體的使命」這種觀念早就過時了。現在的日本反倒是需要可以確實傳達情報的媒體。如果網路媒體抱持某種中心思想試圖操弄世界，搞得日本發生像阿拉伯之春※1一樣的事，那大家就慘了。（笑）

※1 阿拉伯之春：2010年至2011年間，阿拉伯諸國所爆發的民主化運動。該運動利用臉書等社群媒體宣傳理念。

——阿拉伯之春後，如果發生紛亂的內戰就麻煩了。

川上　那可不行啊！利用網路世界中的紊亂，企圖改革現實世界是大忌。為了不讓這種情形發生，我們公司採「我什麼都不懂」的立場，平等地散播各種資訊。（笑）我在思考 niconico 身為網路媒體，應該扮演什麼角色時，我認為「不抱持任何思想」最為重要。

——「不抱持任何思想」？的確，大家都很容易主觀判斷對錯。

川上　就是啊！人一旦抱持著某種思想，就會不自覺地朝自己認為正確的方向思考。我認為應該要屏除這種惡習。無論這個意見偏頗與否，我們都應該散播出去。

——如果看多了正反雙方的論調，人們就會漸漸地冷靜下來。原來是這樣，niconico 平台上也有經營政治性的直播節目，就是因為這個原因啊！

川上　是的。我以前也曾經說過一樣的話，但是被幾位新聞記者痛斥毫無社會責任。他們認為「如果不分青紅皀白地散播資訊，就會很容易被當權者利用。所謂的新聞報導，應該將資訊導正後再傳播出去」。

——以前資訊流通的成本較高，所以能傳遞的資訊量很少，如果不堅持立場，的確很難保住新聞報導的地位。

川上 從前，這種觀念或許是對的。但我認為，現在已經不需要這種報導方式了。niconico恰巧在這個時間點，在日本的網路世界中占有一席之地，我想我們必須避免煽動輿論，而是單純提供交流意見的空間。

—— 所以您打算改變新聞報導的形式啊！不過，我注意到niconico可以寫評論的功能，似乎也可以拿來煽動群眾不是嗎？

川上 的確如此。我想niconico的架構，很容易召來意圖煽動人群的有心人士。我們的整體架構，確實容易被煽動。實際上，niconico動畫也真的聚集不少有心人士。社會大眾如何看待這種情形、這群人的能量要流向何處，我認為我必須負責。

—— 負責？您要怎麼負責呢？

川上 我的方式就是「什麼都不做」。（笑）

—— 所以就是確保有空間可以讓大家暢所欲言就好。（笑）的確，只要有這樣的空間，負面能量也就容易得到釋放。

川上　我認為激進的言論雖然容易吸引人注意，但卻不會有人支持。

——啊！沒錯。激進的意見有時候反而只會成為消遣的話題。

川上　對啊！niconico的構造雖然容易被扭曲，但這些扭曲的現象都攤在陽光下受檢視，視聽大眾反而會更冷靜面對。

——大眾可以從更高的視角俯瞰全局。

川上　是啊！連事情的黑暗面也都看得一清二楚。

——上次（2014年）都知事選舉時，niconico進行過民調對吧！

川上　因為我覺得量化資料非常重要。如果只看niconico上的評論或留言，可能會覺得niconico動畫處處是右翼網軍。（笑）其實，實際問卷調查結果顯示，激進派的意見真的只是少數。我想透過民調，就能夠把這個事實傳遞給社會大眾。現在高度關心政治的年輕世代，一定都會使用網路。也就是說，10年、20年後這些高度關心政治的族群將會主宰日本輿論。所以，我們想提供一個能夠讓這群人冷靜交流的空間，以及培養客觀判斷的資訊。目前，網路世界之所以會讓人覺得走向右傾、開始變得扭曲，其實只是因為大家非常關心政治。

——原來是這樣啊！畢竟，10年、20年後整個時代會改變嘛！

川上 日本的未來，就交給年輕人了。而且，我對於未來並不悲觀。如果你仔細觀察網路上的討論，會意外地發現大家其實都滿冷靜的。儘管有部分的人比較激進，但總是有人能夠平靜地看待偏激的意見。網路世界的確容易陷入人云亦云的狀態，但整體而言網路世界的自我淨化能力也非常好。

取締中傷他人的言論，並非因為內容不當而是發言方式不妥

為何日本反韓、反中的情緒高漲？川上先生認為，這些情緒是為了對抗反日政策，實屬無奈。然而，川上先生仍然認為，不能只停留在情緒上的厭惡，站在不同立場討論十分重要。川上先生從某個事件中發現，韓國人、中國人也有自己複雜的情緒，並非反日就能解決一切。

（2014年4月16日刊載於cakes網路平台）

反韓、反中是對抗反日政策的自然現象

川上　這次我想談談上次網路世界右傾化的延伸話題——反韓、反中[※2]的進程。針對這個主題，跟大家分享我的看法。

——什麼樣的看法呢？

川上 首先，從韓國、中國的歷史上來看，整個大前提是日本的確在韓國、中國有過很糟糕的行為，這點我們必須承認。

——是，這些的確是事實。

川上 沒錯，這是不容懷疑的。具體上做過什麼、或者做到什麼程度，還有很多未釐清的地方，但日本曾經做過壞事已經是事實。韓國人、中國人對這些行為感到憤怒是理所當然的事。然而，他們之所以如此頑強地執行反日政策，其實是為了轉移國民對自身國家的不滿。

——啊！中國的確如此。

川上 韓國也是啊！簡而言之，攻擊日本是維持政權的一種手段。他們是經過縝密的計算，才像玩遊戲一樣地拋出反日政策。所以，我認為日本要如何回應，也必須先計算得失。

※2 反韓、反中：對韓國、中國感到厭惡、懷疑的情緒用語。

——不要流於情緒化。

川上　情緒上的反彈，就心理層面來看不是不能理解。但我認為要如何回應，不能光靠情緒來決定。若從利益得失考量，與鄰國陷入爭執毫無益處，應該思考如何好好相處才對。

——的確如此。

川上　只是，韓、中兩國在政策上不可能與日本和平相處，日本也不可能與其交好。對方因為有需要，才對日本採攻擊態度，那麼我們應該要採取什麼態度回應呢？我想只要做出反擊，讓對方認為「攻擊日本有害無益」即可。

——但是，就算我們反擊，對方也不見得會認為有害啊！

川上　這的確是很難判斷。不過，對方在政策上對日本窮追猛打，而日本只是默不作聲地挨揍，對方只會越打越猛。我想我們只要展現「你要是再打下去，我會生氣喔！」的態度就好了。當然，這是我個人的意見啦！

川上　日本因為反日政策而勃然大怒，對中韓兩國而言有害無益，自然就會有所節制，但前提是日本政府不能感情用事。

——從安倍總理參拜靖國神社等行為來看，我覺得日本政府滿感情用事的……。

川上 不，我倒覺得現在的政府很冷靜，不冷靜的反而是網路世界的輿論。

——就是您之前說，右翼網軍崛起的現象吧！

川上 我認為這也必須冷靜觀察事實才對。我們調查 niconico 動畫裡，反韓、反中到什麼程度的時候，發現實際上反韓、反中情緒並不熱烈。網路上雖然有很多激進派人士，但要追究是誰在煽動反韓、反中情緒，我想不是網路而是電視上的談話性節目。另外，書局也有專門討論反韓、反中的書籍專區。

——最近書局好像開始出現反韓、反中的書籍專區。出版這些書的出版社要負很大的責任。

川上 沒錯。這種書籍或者報導，顯然比網路上的言論還要偏激。所以，把網路上的反韓、反中情緒當成特例討論，令人存疑。我認為網路只是因為資訊流通快，所以比現實社會更早出現這種情緒而已。

從日文契約書窺見韓裔董事長的想法

川上　對抗反日政策因而出現反韓、反中情緒，其實也莫可奈何。令我覺得疑惑的是，有人主張「不要流通反日運動的相關資訊」。

——怎麼說呢？

川上　他們的論點是「報導中國的反日情形，會煽動反中情緒，所以必須停止報導反日訊息。」我覺得這種說法太詭異，也很不正常。

——其實，我聽住在中國的人說，反日的中國人並不多見。反而大家都會看日劇、穿日本品牌衣服，文化上很親近。明明實際上的情形如此，媒體卻充斥反日報導，怪不得有人會認為這是在煽動反日情緒。

川上　我認為只要兩種角度的資訊都能傳達出來就能解決了。只要了解中國實際情況的資訊增加，問題就解決了。因此，我從沒想過要管控這方面的資訊。

——可能是因為大眾媒體的機會成本較高，所以只能挑選視聽大眾想看的偏激資訊；相反地，網路的機會成本低，雙方資訊都大量流通的狀態下，更有利於討論。

川上 機會成本是原因之一。除此之外，網路是互動式的平台，反韓的話題在大眾媒體上報導完就結束，但網路上則會不停討論。我認為長期下來，會有好的影響。

——有人認為現在反韓、反中的聲浪，與日本掀起戰爭時的氛圍雷同。您怎麼看呢？

川上 這個嘛……我覺得這種意見太過強烈，而且也並不公平。這種話一旦說出口，後續就討論不下去了。如果因為氛圍雷同就真的引發戰爭，那我也會覺得應該馬上停止。但是，這一些聲浪會不會引發戰爭，我也不知道，所以就應該更加慎重的討論。

——那您如何看待中傷他人的言論呢？我想 niconico 的評論當中，很可能會出現中傷他人的情況吧！

川上 中傷其實就是在替別人貼標籤。如果是用不斷說別人壞話的方法來中傷別人，我認為必須制止。以 niconico 營運者的立場而言，有合理取締的理由。如果這種一直說別人壞話的使用者增加，那麼一般使用者就不會來使用這個平台了。

——確實如此。

川上 我們一直在思考如何取締，實際上我們用過刪除發言人的帳號等方法。但是，這種使用者還是一直存在。順帶一提，niconico 針對「請特別取締中傷韓國人之言論」的意見，並不作任何回應。

——什麼？中傷他人是不對的吧？

川上 無論主題為何，中傷他人的言論本來就不應該存在。但是，「無條件刪除可能中傷韓國人之言論」這種意見非常詭異。是否中傷他人，本來就很難定義，容易被擴大解釋。我反對限制某種議題的言論自由。

我站在營運的立場，認為不應該取締言論內容，而是取締發言的方式。我希望當事人自己判斷內容的是非對錯，畢竟那不是營運者可以介入的空間。

——原來如此。也就是必須貫徹「任何立場的言論都應該流通」的精神吧！您認為無論是什麼立場的人，都有討論的權利。

川上 是的。這並不是單靠取締反韓、反中言論，就可以解決的事情。這些言論意味著有許多人針對國與國之間的關係，提出各種不同的意見和想法。我希望大家能明白這一點。

我還是上班族的時候，第一個和我簽約的對象是韓國人。他是美商帝盟多媒體的董事長，正確來說他應該是韓裔美國人，二戰前曾經住在日本。

——帝盟多媒體是生產高速電腦顯示卡的公司對吧！我也有用過他們的產品。

川上 是的。據說這位董事長是朝鮮李氏王朝的後裔。我沒有問過本人，所以不知道是不是真的，不過應該是家世很好的人。我跟這位董事長簽的第一個合約，只有一張紙，而且還是用日文寫的。我覺得這是一件很了不起的事。畢竟，美國社會非常重視合約。美系公司竟然用日文合約簽約，我想這等同宣告與日本人合作不簽約也沒關係。

——一般來說，合約通常又厚又重，而且必須是英文對吧！

川上 我很想知道他為什麼這麼做，所以吃飯的時候直接問他本人。當我問他覺得日本如何？他表示對日本這個國家仍然感到憤怒。這位董事長如果還活著，應該已經八、九十歲了，表示他經歷過日本佔領朝鮮半島的時代。

——那他的心情應該很複雜吧！

川上　但是，這位董事長卻在我拜託他授予日本獨家代理權的時候，用日文合約和我簽約了。我想他一定不喜歡美國重合約的商業習慣，而且相信跟日本人簽約應該可以用不同的方法，才會下這個決定。我覺得他十分相信日本人。

人際關係大概就是這樣吧！因為我是韓國人所以討厭日本人，實際上人與人交往很難這麼簡單就分割成兩塊，難免都會有一些複雜的情緒產生。正因為複雜，所以我們更應該包容正反雙方的意見，這才是正確的路。

——身為網路平台的營運者，要包容所有意見，需要很大的決心吧！

川上　嗯，是啊！不過，niconico 有抵抗客訴的韌性，所以沒關係啦！（笑）

3 niconico 動畫的運作

越開放多樣性就越低

除了 niconico 以外還有很多網站能夠發表個人作品，全日本 1 億 2000 萬的人口都是創作者的年代儼然已經到來。然而，川上先生認為，就算發表的空間、創作者變多，這個社會的創造性也不會因此變得更豐富。隨著創作者增加，作品反而會漸漸失去多樣性。

（2014 年 3 月 12 日刊載於 cakes 網路平台）

小說投稿網站上，前幾名的故事都大同小異

——像 niconico 動畫這樣的空間，讓使用者不論何時何地都能發表作品，有人認為如此一來世界就會變得更有創造性……。

川上　嗯，我想這是無稽之談，根本就不可能。這些網站不可能變成創作的樂園。

在開放的市場裡，大家都能製作產品時，實質上產品本身的多樣化就會漸漸降低，這是我的看法。數量多就表示大家會自動朝同一個方向流動。

——實質上多樣性反而會降低，為什麼呢？

川上 打個比方來說，有一個「我要當小說家」的小說投稿網站，前幾名的小說情節幾乎大同小異。大概都在是講轉世的故事，主角會重生，然後過著另外一種人生。（笑）

——這是讀者的願望吧！（笑）

川上 投稿的小說應該很有多樣性才對，但是前幾名卻都是類似的情節。niconico動畫也是，雖然投稿作品多，但有什麼潮流很紅的時候，大家都會做出一樣的東西。參加的人數越多，反而越會削弱實質上的多樣性。

——那大家都變成創作者的話……。

川上 反而創作自由度會減少。雖然每個人要做什麼都是自由的，但會因為有沒有人支持或者紅不紅而受影響，反而變得不自由。現在有很多製作動畫的公司，但能自由選擇題材的公司幾乎不存在，大家都只能沿著類似故事線來做動畫。

——現在的確有這種情形。

川上 現在能自由做想做的動畫，應該也只剩下吉卜力工作室了。吉卜力有自己的品牌，在加上吉卜力的目標市場中沒有競爭對手，所以才能隨心所欲。如果有100間類似吉卜力的公司，同業競爭之下，可能只會推出大家「表面上」想看的作品。譬如說《天空之城2》之類的。

——的確，如果要符合市場的期待，可能會出現《天空之城2》。大家都會想看啊！

川上 那種作品我想應該可以大量製作。不過，因為像吉卜力那樣的公司只有1間，而且想看吉卜力製作的觀眾很多，所以作品的多樣性才會豐富。

——嗯，原來如此……。

川上 遊戲業界也是如此啊！神奇寶貝、最終幻想、勇者鬥惡龍等熱銷遊戲都一直出續集，這就表示競爭對手很多。如果遊戲公司只有1間，不管出什麼都賣得好，那創作者就能隨心所欲地創作了。

不要再增加創作者比較好

——嗯……所以就算任何人都能創作，世界也不會變得更富有創造性？我不明白耶！任何人都能創作，表示能孕育許多創作者。而且，niconico 動畫就是一個典型的例子，難道這不會讓世界變得更有創造性嗎？

川上　我認為事情沒有這麼單純。的確，有新的創作空間就會產生一定的新市場，為了滿足新市場需求，就會有一批創作者出現。在市場還沒飽和前，可以保有自由發揮的空間。

這不僅是 niconico 動畫，其他領域在初期也都是同樣的情形。然而，niconico 動畫因為可以讓使用者發表作品，被外界誤會是能孕育出許多創作者，而且還一直保持現狀的平台。

——所以會出現許多創作者，並非因為 niconico 動畫是 CGM（譯註：Consumer Generated Media 指消費者生成媒體，傳播內容由消費者提供。）的原故。那麼出版業或廣播、電視等既有媒體，早期應該也出現很多新的創作者吧！

川上　我想應該是。接著，UGC※3或商業產品也一樣，能在該領域活躍的創作者其實有一定範圍。突然出現一個開放性的市場，大家的刻板印象就是剛成立時自由的環境，才會認為市場越開放就有越多機會。其實，事實上是越開放越沒機會。

——原來如此。這就跟第一個拓荒者一樣嘛！

川上　對啊！那只是擁有先行者的優勢而已啦！（笑）所以，現在想要加入niconico動畫也變得越來越困難。以前只要一個作品大紅就會出名，現在光靠一個作品是紅不了的。我在想niconico為了保護整體創造性，是不是應該讓現在很紅的創作者變得不紅呢？是不是不該讓高人氣與利益劃上等號？今後的功課就是要思考整個體制該如何新陳代謝。

——這就跟創業一樣，創作者越多的年代，要成為鶴立雞群的創作者反而很難。

川上　是的。一旦形成開放性市場，參加人數增多，每個人分配到的機會就減少了。（笑）想在競爭中生存下來，必須非常努力，這是理所當然的事。然而，要努力就需要生活基礎支持，也就是需要收入來源。因此，niconico才會執行創作者獎勵計畫※4等政策。

——競爭越激烈就必須更努力。所以越來越少人能一夕爆紅吧！

川上 是啊！雖然不像以前那麼多，不過 niconico 還是能接受一夕爆紅的情形啦！網路本身是完全開放的世界，所以新人要發展起來真的不容易。

——確實如此，仔細想想就能理解現在的狀況。譬如說，現在要成為有名的部落客其實很難。

川上 沒錯。至少我可以斷言，就算文章寫得跟有名的部落客一樣好，但現在才開始經營部落格的話，已經不可能那麼容易成名了。

——不過，演藝圈可能還會有一夕成名、爆紅的機會。

川上 只要拿到一個獎項、或是擔綱偶像劇的主角就有機會。畢竟，演藝圈是封閉的市場。相較之下，要在開放性市場中取勝，實在很困難。所以，我認為最後還是

※3　UGC：User-Generated Contents 使用者生成內容。例如部落格、自我介紹網、Wiki、SNS 等網站，其內容皆由使用者製作、生成。

※4　創作者獎勵計畫：2011 年12月開始，針對投稿到 niconico 的作品，依照受歡迎的程度支付創作者獎金。

必須靠削減競爭人數才能延長創造力的生命線。

——前幾天，我與一位名作家聊天。當我問道：「如果整個大環境允許任何人創作、發表作品，那應該會有許多優秀的創作者出現吧？」對方立刻回答我：「才沒這回事！」（笑）他也跟您持相同意見呢！

川上 那都是幻想啦！厲害的創作者被塑造成「神」，但充其量也不過就是個人類而已。這種幻想在人數少的時候還能成立，如果到處都是創作者，那價值當然就一落千丈了。（笑）

——哎呀……所以不要增加創作者比較好囉？

川上 這是很難解的問題……但我真心認為，不要增加比較好。想要產出讓使用者為之瘋狂，有趣又高品質的作品，最好控管數量。所以我在 niconico 動畫的系統開發計畫中，把使用者能夠輕鬆上傳動畫的功能往後推遲。

——什麼！（笑）原來是這樣啊！

川上 這就跟對話一樣啊！大家都想搶著講話，但是沒有人聽，對話就不成立。大家都成為創作者，就表示沒有人看。平台上的創作空間，就像是你跟朋友說一個笑話，朋友圈內的人會覺得「這傢伙真有趣」，擁有一樣的效果。追根究柢，所謂的創作空間就是這樣的東西。

niconico 不想讓創作者淪為奴隸

什麼樣的空間才能讓創作者發表更好的作品，同時也能夠獲得合理的回報呢？niconico 動畫是動畫產品媒體也是網路平台，營運這間公司的川上先生認為能讓創作者更為幸福的平台，究竟是什麼樣的架構呢？

（2014 年3月26日刊載於 cakes 網路平台）

數位內容市場建立於媒體之上

——您之前談過，就算大家都從事創作，這個世界也不會更富有創造性，數位內容本身的多樣性反而會降低。然而，因為網路而讓至今未能流通的數位內容浮出檯面，創造出新市場的情況應該也不少，您認為如何呢？

川上　嗯，我想那只是暫時的，只要市場飽和就會結束。而且，新市場並不會一直出現。你若問 niconico 動畫在數位內容市場上帶來什麼新產物？譬如有沒有創造 J-POP 或動畫影片之類的產品？niconico 動畫其實並沒有產出新的東西，也並未侵食既有的商業數位內容市場。

我們只是把數位內容市場裡既有的生態圈撿起來用，發展出以前沒有的消費需求。就算是 Vocaloid※5 之類的 niconico 動畫獨家技術，只要經過一段時間，市場也終究會因飽和而結束。所以說 niconico 動畫到頭來只是一個新的數位內容框架而已。新的市場不會一直出現，所謂的「網路未來」並沒有大家想像的那麼單純美好。數位內容要和什麼連結才能創造新市場？我認為答案是媒體。數位內容必須和媒體結合。

※5　Vocaloid：Yamaha 開發的聲音合成技術軟體。利用合成歌聲的技術所製作的「初音未來」軟體十分火紅。

——不是平台而是媒體？

川上 沒錯，就是媒體。在能曝光的空間裡，才能創造一定的市場。以ＡＰＰ為例，APP Store 既是平台也是媒體。因為兩者關係緊密，才能成功創造市場。niconico動畫也是如此。只要有這種媒體出現，就會產生新的市場。

——但是，新市場不容易產生。

川上 我稍微說明一下數位內容市場趨向成熟的過程吧！無論何種數位內容市場，只要市場成熟，評價的對象不會是數位內容本身而是銷售平台。最典型的例子就是遊戲。比起數位內容，更能左右銷售的是有沒有和「勇者鬥惡龍」或是「任天堂」連結。

——這就是之前說的「續集最暢銷」。

川上 如此一來，在遊戲市場中，就算出現沒有名氣的創作者製作新數位內容，也幾乎得不到任何關注。如果說這時候出現一個新的市場，沒有品牌也能一夕爆紅。因為在新的市場裡，剛加入的創作者也能建立自己的品牌，或許能藉此成名。

——網路世界早期也是如此。

川上 是的，就連 niconico 動畫有一天也會走到盡頭啊！市場成熟前，通常都會發生一種現象，那就是平台之間的競爭。我認為這種競爭基本上都屬於削價競爭。新平台的競爭手段之一，就是降低產品價格來吸引消費者，再來就是提高創作者的分配比例以吸引創作者。基本上會用這兩種手法來決勝負。

——這樣競爭到最後會如何呢？

川上 新平台會漸漸累積實力。屆時，產品價格會再度升高，創作者的分配比率會降低。也就是說，最後會跟以前的平台一樣。這種競爭，就是一個零和遊戲，只是以新代舊，世代交替完也就結束了，如此而已。

無法累積品牌實力的平台會變成煉獄

——就像現在 iPhone、iPad 的 APP 都掌握在 APP Store 手裡。

川上 沒錯。我覺得 APP Store 這個平台不太好。這個平台本身並沒有任何機制能讓創作者累積品牌實力。所以，創作者被迫每次都得從零開始競爭。

——要在 APP Store 宣傳，唯一方法就是擠進排行榜前幾名。APP Store 雖然有一些專區，但為數不多。

川上 如此一來，無論創作者曾經推出多麼暢銷的產品，下次要再度讓產品暢銷都很困難。因為每一次創作者都必須從零開始，所以要很努力在 APP 使用圈裡宣傳才行。如果沒有累積品牌的機制，產品擁有人的形象會大大減弱。任何人都能參與，而且無法累積自有品牌的空間，對創作者而言簡直是煉獄。

——我以前在 APP Store 上販售過電子書的 APP，真的是心有戚戚焉。在 APP Store 真的很難做買賣。

川上 對吧！書本也陷入削價競爭，一有新題材就馬上寫出來，再以日幣百元拍賣，越快賣出的人才是贏家。如果自己有品牌，就能花時間慢慢寫了。

——但也可以說，無法累積品牌實力的平台，才能給新的創作者更多機會不是嗎？

川上 相較之下是這樣沒錯。可以累積品牌實力的平台，排行榜前幾名的產品形象很強，所以新的產品要擠進排行榜確實有困難。所以像 APP Store 這樣的平台，新陳代謝比較好。不過也因為參加者多，成名的機會幾乎是零。

——登入 niconico 的直播頻道，訂購 Blomaga[※6] 都是建立品牌實力的機制，創作者可以藉此吸引忠實粉絲。

川上 沒錯。如果無法累積品牌，那麼創作者或產品擁有人就必須像奴隸一樣，每次都用盡全力競爭。無論是誰都必須從頭開始、人人都能參加的平台，用找工作來比喻，就等於所有人每年都到100間公司應徵一樣。（笑）這的確是很自由，但大家都沒好處。niconico 不想成為這種場所。

——如此說來，以前只能在雜誌上發表文章。那樣反而對創作者來說，是比較好的機制囉！

川上 有參加限制、數量少，真的非常重要。在有限的人群中，建立金字塔構造也是必要手段。金字塔構造一旦形成，爬到頂端之後就很難掉下來。若非如此，相較於掌控金字塔結構的平台，創作者的地位則處於弱勢。對平台而言，最好的狀況就

※6 Blomaga：ブロマガ為 niconico channel 提供的部落格與電子雜誌功能。

是沒有鶴立雞群的創作者，而是有很多容易替換宛如消耗品的創作者。

——啊……的確是這樣。

川上 如果創作者在金字塔頂端，而且累積了品牌實力，就可以和平台交涉。現在的平台組織，都設法不讓這種情形發生，使得平台更容易榨取創作者的能量。

3 niconico 動畫的運作

網路世界需要有國界

川上先生認為，網路是降低多樣性的元凶。谷歌或臉書如果擁有等同國家的權利，日本會變成什麼樣子？川上先生將談起網路發展後的社會樣貌。

（2014年4月2日刊載於cakes網路平台）

在網路世界對弱者嚴以待之的，都是考試戰爭中的贏家

——我想您應該都和能力出眾的人一起工作吧！您覺得什麼是才能呢？

川上 才能就是物以稀為貴啊！

——喔！好簡單的定義。我稍微補充一下，應該是稀少而且符合需要就可以稱為有才能吧？還是說，沒有實際功能只要有能力就好？

川上　嗯……我覺得有沒有市場必須分開來看，基本上數量稀少比較重要。無論才能多好，在競爭對手多的領域裡就很難被認同。譬如說職業棒球選手，因為人才濟濟所以會很辛苦。

——的確如此。如果競爭少，就比較容易成為少數。

川上　大家一定認為稀少與能力是一體的對吧！譬如說鈴木一朗，他很厲害吧！但是，你冷靜想想看，他到底多厲害？在這種競爭激烈的世界裡，越是天才就越沒什麼了不起。

——咦？怎麼說呢？

川上　用跑百米來想，可能比較容易懂。跑百米的世界級選手，可以縮短的時間很有限，所以零點一秒之差就能決定你是不是天才。以人類的身體能力來說，大家都可以成長到一定程度。之後，就看是誰超越那最後1毫米，就會被當作天才。這就是運動競技等競爭激烈的領域中，天才的定義。

——啊！原來如此，我懂了。也就是說，競爭激烈的世界裡，會產生第一名和第二名差不多的矛盾。

川上　沒錯，實際上根本差不了多少。

——也就是說，人生最重要的還是找對發揮的領域。

川上　就是這樣。在競爭激烈的領域裡，被稱為天才是一件很辛苦的事。付出完全不符合成本。所以，我認為考試定生死是不好的制度，原因就在於競爭激烈之下，大家會在微小的分數差距中決勝負。因為，考試制度總會把無關緊要的差距放大檢視。

——的確，只有考試的時候才會比較比某人高幾分，實際生活根本不會用到。

川上　對吧！在持續競爭之下，考試成績好的人就會莫名地認為自己是菁英分子。這些人進入偏差值高的大學後，通常都會認為自己是贏家不是嗎？

——可能會喔！

川上　這樣就可以知道，考試制度令人產生許多誤解吧！網路世界也是，對弱者嚴厲以待的，應該都是成績好的人。不是有「多樣性」這個詞彙嗎？大家都覺得多樣性很重要對吧！缺乏多樣性的社會，大家都會很辛苦，因為我們不得不在相同指標下競爭。我認為網路就是會讓多樣性消失的元兇。

——什麼？網路會讓多樣性消失嗎？

川上 有史以來，交通發達、科學發展都讓整個世界走向同一種文化。科學發展雖然短暫提升了多樣性，世界貌似變得多彩多姿，但是基本上各個國家都逐漸失去了多樣性。到了網路時代，更是加快多樣性消失的腳步。

——原來如此。接下來，在多樣性消失之後，大家就只能夠在些微的差距之中競爭了。

川上 沒錯。之後，所有人都在狹小的範圍裡爭排名。其實，我覺得只要有一個人在山中稱大王就好，這才是最幸福的狀態。在網路的世界裡，大家都不允許山中稱大王的現象，絕對會有人批評「你這種程度，在日本也不過爾爾」。

——因為網網相連，實在很難造山啊！（笑）

川上 網路世界其實不太允許這種特立獨行的造山運動。像之前發生工讀生上傳自己在店家冰箱裡的照片，一堆人刻意跑來把事情鬧大，這就是現在的網路文化啊！（笑）

——喔……所以只要製造一個小團體，人們就能在小團體裡過著幸福的日子？

川上　對啊！只要成功製造小型團體，在裡面生活就等於身在樂園。如果網路把所有社群都串連在一起，那只是有害無利。然而，當網路破壞多樣性、使得世界均質化時，大家還是會起身反抗吧！接下來，我想大家一定會致力於保存世界的多樣性。網路世界的下一個課題，就是如何塑造各種不同的獨特性。

如果要玩日本統治的遊戲，唯一的選擇就是鎖國

——您在《メディアを語る（論媒體）》（Contectures 出版）一書中，與東浩紀先生對談時提到網網相連是必然的趨勢，但日本採取鎖國政策會比較好。

川上　對啊！以國家立場來看，鎖國是正確的選擇。如果日本是一個玩家，正在玩經營國家的遊戲，那麼日本只能選擇鎖國政策吧！（笑）鎖國這個說法，很容易被人誤會，換個說法，就是必須在網路上設立國界。網路世界如果擁有治外法權，國家本身的基礎就會動搖，所以我認為網路必須有國界。

——所以，中國管制網路是正確的選擇囉？

川上　沒錯。並不是我想要這麼做，而是中國政策本身是正確的。譬如說，國家體制下，國民必須繳稅。雖然我不喜歡繳稅，但國家如果沒有稅收就會崩盤。所以，徵稅在某種程度上來說是正確的舉動。網路設立國界，也是相同的道理。

——那以您的立場來說呢？網路世界相連，地球變成平的，這樣不是比較好嗎？

川上　我覺得不好。如果網路能統一世界，國家概念消失或許還可以接受，但現實並非如此。

——的確，網路無法統一世界耶。（笑）

川上　網路上如果無國界，會發生什麼事呢？我想谷歌、臉書等全球性的網路平台，會漸漸擁有類似國家的權利。對日本人來說，被網路平台統治比較好，還是被日本政府統治比較好呢？當然是日本政府比較好對吧！政府有社會福利制度、籌劃基礎建設的功能，但谷歌或臉書並不會為你做任何事，連保護個資都做不到。

——確實如此。

川上　也就是說，這些平台無論是否為國家性的組織，都不會為國民做任何事。基本上，我認為這是很大的缺點。但如果大家懷疑國家的統治能力，搞不好會覺得倒不如被谷歌統治算了。（笑）所以，大家才會反對國家限制網路。

——畢竟大家都覺得谷歌、臉書的服務很方便，比較有親近感。

川上 但是，全球化的平台與在地政府兩相比較，在地政府才更能為國民做事。雖然現在誰也不知道被全球化的平台統治，會發生什麼事，但相較於國家服務漸漸民營化的美國，日本很明顯比較適合居住。

保險制度、年金制度也是如此，日本比美國好100倍。以統治者來說，我認為日本政府並不差，而且沒有那麼腐敗。

——日本與世界其他各國相比，的確是好很多。原來如此啊！

川上 應該是世界最好的吧！基本上日本是個好國家啊！

4

要罵就讓他們罵，我就是要當個思考縝密的笨蛋

全世界都在批評的，反而才是大家想要的

川上先生的著作《ルールを変える思考法（改變規則的思考法）》（KADOKAWA出版）當中，直言自己在煩惱是不是不應該經營niconico動畫。這次針對川上先生認為自己應該放棄niconico動畫的兩大理由深入追究其原因。

（2014年2月19日刊載於cakes網路平台）

究竟需不需要JASRAC

——您在2013年出版的《ルールを変える思考法（改變規則的思考法）》一書中，提及自己正在煩惱：「很多人著迷於niconico動畫，這樣是不是不太好？」

您現在找到明確的答案了嗎？

川上 嗯……我很單純地想到，如果 niconico 動畫消失，那大家也還是會用其他的方式消磨時間啊！我的煩惱就這樣解決了。

——喔！是這樣啊！（笑）

川上 我可以稍微說明一下。我想如果把 niconico 動畫當作打發時間的方法，其實是滿不錯的。如果是需要花錢的社群遊戲，玩家可能會因為玩到沒錢，人生瞬間變黑白，但是 niconico 動畫不會因為看越多而收越多錢啊！

再說，niconico 動畫跟其他網站不同，人跟人可以交流。無論是自己寫評論還是看別人寫的東西，都可以感覺到自己身處於一個社群之中，應該可以因此得到慰藉才對。我想應該很多人因此找到去處吧！當然，這也包含參加 niconico 舉辦的各種活動。

——的確，niconico 動畫的確慢慢變成提供大家棲身之所的園地。不過，您在書中提到另一個煩惱：「niconico 動畫使用者所製作的免費數位內容，是否會對日本數位內容業界造成衝擊？」這一點，您又是如何解決的呢？

川上 嗯……可能短時間內會有影響，但我已經知道這些現象會不斷循環。

——不斷循環？

川上 niconico動畫發展了許多新的數位內容，平台因此成長、使用者的興趣愛好也得以發展，最後也只會循著和其他前輩一樣的軌跡而已。電視等既有媒體、演藝圈的歷史也都一樣，最後都走上相同的循環。譬如說，niconico動畫早期有「盜版無罪」的文化，只要有趣就無所謂，叨念不能盜版的人反而會被嫌棄。

——這的確很符合「網路文化」的形象。

川上 沒錯。初期大家都在模仿商業數位內容的時候，的確充滿盜版無罪的氛圍。但是，使用者也漸漸開始自己創作，這時反而還會質問仿作有沒有得到原作者的許可耶！（笑）

——以前，cakes上曾經刊登您的新書發表的演講內容※1，您當時也談到這種現象對吧！原本主張「盜版無罪」的網路使用者，態度轉為保護創作者的情形，顯示網路使用者對網路上的創作具有高度智慧財產權意識。

川上 沒錯，使用者會突然嚴格審視網路上的創作是否侵權。接著，使用者會認為作者有權介入所有跟作品相關的事物，反倒讓我覺得需要限制創作者的權限。

——的確，這反而可能變成自由創作的絆腳石。

川上 是啊！當我發現再這樣下去，可能會阻礙創作時，我想到一個辦法。就是請創作人加入JASRAC（日本音樂著作權協會）會員，即可輕鬆享有著作權保障。如果加入JASRAC會員，自然可以循協會規章處理著作權事宜。不過，一般大眾可能會覺得JASRAC是個保護既得利益者的「討人厭組織」吧！（笑）

——對引用歌詞斤斤計較、動不動就要人繳錢，的確是不討人喜歡的組織啊！

川上 JASRAC自稱「本協會是為了流通作品的必要組織」，但大家卻只覺得這個理由只是收錢的藉口。然而，看看現在網路世界所發生的現象，這種組織的確不是找個藉口跟大家收錢而已，而是有其存在的必要。JASRAC不只保護權利人的權益，另一方面也不讓權利人過於濫用自己的權益。

※1　新書發表的演講內容：「改變規則的思考方法——如何跨出第一步。」請參照網址 https://cakes.mu/series/3027

——不只保護，同時也限制智慧財產權人啊！所謂的著作權法好像也是這樣對吧！真正的目的，其實是讓文化變得更豐富。

川上 是的。專利也是一樣的道理。保護權利只是手段，真正的目的是希望能繼續發展。所以，回到音樂產業，也是因為有其必要才成立這樣的組織。如此看來，niconico動畫上發生的現象，原來也是不斷重演歷史而已。我們都忘了，因為過去發生種種爭議，所以才有現在的產業組織。

大家都會遺忘過去如何進化成現在

川上 我還可以再舉一個例子。譬如，直播影片和編輯影片兩者的價值。本來使用者都稱讚，niconico直播影片精彩之處就在於隨興、不經過任何編輯。大家都認為，未經編輯的直播，才是網路報導的正途。然而，實際上真的轉播國會質詢時，只有剛開始來了很多觀眾，每天直播後反而沒人來看了。

——因為很冗長嘛！（笑）

川上　沒錯！因為是全程轉播，所以看久了會累，沒辦法繼續看下去。所以有人希望可以推出「剪輯過的影片」。之後，我們直播時也會放上一些剪輯過的影片，網友反而開始稱讚說：「這好厲害！」

——如果在電視上播出，就只是普通的影片而已啊！（笑）

川上　群眾都很健忘。我們跟電視的成長史其實一模一樣。電視剛開始也只有直播節目，花了錢投注資源才有錄影節目。但是，當錄影製播的節目變得普遍，大家就忘了之前曾經發生什麼事，繞了一圈反而又開始認為直播才有價值。

——的確，大家真的很健忘。

川上　所以我們不是在破壞，而是重複歷史循環。niconico 動畫雖是免費的平台，但有些出名的使用者，還是會想出賺錢的方法。這是很自然的現象。

——原來如此，這也是健全的進化現象之一吧！

川上　沒錯。我還有一個例子。譬如 niconico 動畫的音樂產品，因為都是匿名作者，剛開始大家都稱讚這樣可以單純評論樂曲。但是，一到要辦活動唱現場的時候，為了招攬客人，出來唱歌的多半都是帥哥耶！（笑）而且這些人都不是作曲人，而是唱歌的「歌手」。男生都會用「網路KTV殺手」、「不過就是個打手」之類的來揶揄這些人，但真的能賺到錢的人，多半是被形塑成偶像的業餘愛好者。最後，還是與現在的音樂排行榜一樣，前幾名總是被傑尼斯或AKB之類的偶像團體霸佔。

這種音樂排行榜的排名方式，有人會批評說並非真實評價音樂本身的價值。然而，真實的情形是全世界都在批評的，才是大家想要的。

——原來如此。大家都喜歡帥哥，所以傑尼斯才會收集帥哥。

川上 其實，也不是只要帥就會出名，演藝圈沒那麼好混。不過，我只能說網路上的現象，大部分都是因為大家有期待才會發生。有客戶需求才會產生出這些現象。談話性節目或報導性節目如果擅自剪輯，就會被大家批評，但是這些都是因為視聽人有需求才開始的服務，而且仍然有很多人繼續收看，所以這一些節目才得以繼續播放。

——那麼，niconico動畫今後會如何呢？是否不再專為小群體的網路使用者服務，轉向服務公眾、成為類似社會公器的公司呢？

川上　社會公器……社會公器的定義是什麼呢？我覺得只要規模大到某種程度的網路服務，就應該要有公眾意識，所以這個詞彙不是我能擅自使用的。如果抱持這種要成為社會公器的意識，那我們最後應該會走上一條扭曲的路。譬如說因為背負著社會公器的形象，綜藝節目每次使用食物時一定要加上字幕，告訴觀眾「食物拍攝完畢後，工作人員會吃光光」。

——啊，對耶……（笑）

川上　然後電視偶像劇裡，壞人在後座也得乖乖繫安全帶、絕對不在路邊抽菸。如果我們背負著社會公器的形象，感覺就會發生這種事。我覺得大眾期待的社會公器形象已經定型，所以勢必會產生這些奇怪的現象。

明知自己在做蠢事卻義無反顧貫徹到底，這才是王道

談到將來的志向或職業經歷時，一定會被問到：「你想做的事是什麼？」對此，川上先生似乎持不同意見。追本溯源，執著於「想做的事」只是讓心中的渴望變得更複雜而已，川上先生認為這種想法甚至就像是某種宗教信仰。究竟，什麼才是正確的立場呢？川上先生提出新穎的見解——成為「愉快犯」。

（2014年2月26日刊載於cakes網路平台）

大家太過重視「想做的事」

——我一直都想要好好地問一問，您想做的事究竟是什麼？現在是多玩國的董事

長，同時又身兼任大型出版社 KADOKAWA 的董事。（刊載於 cakes 時川上先生還是董事會成員之一，現在與多玩國合併後，則成為董事長。）另外，您還在庵野秀明導演所成立的動畫公司擔任董事，也是吉卜力工作室的一員。您是不是有什麼目標呢？

川上 不是啊！這些事並沒有什麼深奧的涵義。

—— 是這個樣子啊！（笑）在旁人看來，您應該覺得自己有支持創作世界的使命吧！

川上 嗯……該怎麼說才好呢？這些全都是剛好碰上而已耶！很少是因為我想做才發生的。

—— 剛好碰上嗎？之前訪談的時候，您認真思考自己想做的事，結果回答我「想多睡一點」。那不是開玩笑，而是認真的回答對吧！

川上 是啊！我本來就覺得很奇怪，不明白為什麼人一定要有「想做的事」。再進一步說，我覺得這是一種誤會。你不覺得這個問題很不自然嗎？

—— 不自然？

川上　很多人都陷入必須貫徹一件事的思維裡，我認為這是一種「基要主義（基本教義派）」。我覺得執著於一件事的基要主義，其實就是一種宗教。

譬如說，有人對多玩國的女孩經理發便當活動感到憤怒，認為這是「歧視女性」的活動，我覺得這些人就是執著於歧視女性的「基要主義者」。萬事萬物都必須依照個別的狀況或價值觀，來判斷對誰會造成困擾、或者對誰不利。但是，執著於歧視女性思維的人，就會優先考量「可能造成歧視女性的事物都必須消滅」。這種現象，不就是類似宗教嗎？

——哇！原來是這樣啊！

川上　執著於想做的事也是一種基要主義。他們認為每個人心中都必須有一件想做的事，這件事必須成為價值觀中最優先考量的準則。為什麼非得這麼做呢？

——您的意思是，想做的事應該會依情況改變？

川上　對啊！我覺得人應該順從自己的生存本能。也就是說，為了生存而採取合理的行動，才是人類本來的樣貌。超越自己本能的基要主義，我認為是一種瘋狂的想法。如果為了生存必須採取基要主義，那倒是值得肯定。

——我是覺得，人如果有一個方向，會比較好生存。

川上 對，擁有目標是人類為了生存所採取的手段。我認為除了「想做的事」之外，還有很多目標可以讓人類生存下去。我覺得自負或自尊心比較接近人類的本能，就算你沒有想做的事，也會有自尊心。其實仔細想想，自尊心也沒什麼，只是人若沒有自尊心，那就只是個每天起床吃飯睡覺的生物而已。

——會變得跟動物一樣。

川上 沒有自尊在動物界也沒有競爭力啊！人類不希望過著這種生活的心情裡，就隱藏著自尊心。這和食慾、性慾、睡眠一樣，都是人類的本能。「想做的事」只是與之連結，我認為並不需要為了保有自尊心就把「想做的事」當作目標。

——原來順序是相反的啊！但是，大家都很喜歡討論「想做的事」耶！

川上 尤其是年輕人對吧！

——不過，我最近也被問到「喜歡做的事、想做的事到底是什麼？」我回答不出來，所以才會想問您是抱著什麼想法在做手上的工作。

川上 我是一個會打破砂鍋追究到底的人，所以對任何事情都會思考「源頭」在哪

裡？不過……這樣子話題就會遠離 niconico，變成談論人生哲學耶！沒關係嗎？（笑）

——沒關係啊！（笑）

明知道自己在做蠢事，但我還是想做

川上 那我就繼續說下去囉！我認為自負或自尊的源頭來自「渴望被認同」。這有更接近人類本能了。世人這麼努力生活，其實就是為了得到他人的認同。創業家之類的人，都會說一些很冠冕堂皇的話，其實只是想獲得認同而已。

——社會創業家之類的人，也不是為了讓社會更好，而是想讓別人認同自己，才如此努力不懈嗎？

川上 這說法好像太露骨，不過的確是這樣沒錯。也就是說，只要得到大家的認同即可。目的並不是「改變社會」而是「得到認同」，我覺得不能把手段與目的兩者顛倒。

——如果是這樣，我們不用太努力，也可以在社群網站上收集很多「讚」，這樣不就夠了嗎？是這樣嗎？

川上　沒錯、沒錯。只要有夠多人按讚就可以了。如果你還想更努力成為世界第一，或者改變這個世界，就表示你覺得光是有人按讚已經無法滿足。這個道裡，基本上跟金錢觀念一樣。雖然已經跟一般人一樣有錢，但是還不夠，還想要比其他人更有錢。這個概念，只要把「認同感」換成金錢，也是可以相通。

——喔……原來是一樣的啊。

川上　一樣的啊！我覺得改變世界和想要變得更有錢很難區分成不同的概念。如果基於剛才的理論，若把「改變社會」當作是目的，那麼「拼命努力」就是很奇怪的手段。

從富含美學的理性思考來看，不那麼醜陋的「愉快犯」才是上上策。不改變其實也沒關係，但是有改變就帶來樂趣。因為有趣所以去做，對我來說，這才是倫理道德上正確的概念。

——咦？愉快犯的概念是「倫理道德」正確而非「理論性」正確？

川上　是的，是倫理道德正確。我想吉卜力工作室的鈴木（敏夫）先生也抱持相同的價值觀。

——拼命努力在倫理道德上是錯誤的嗎？

川上　這個……與其說拼命努力是錯的，不如說「拼命努力才是對的」這個價值觀本身並不正確。

——可以請您再……再說明一下嗎？

川上　拼命做自己想做的事、或者跟別人鼓吹這樣才是對的，這種人並不能客觀看待事物。明明真正的目的是獲得認同或者是優越感，卻硬是把目的變得複雜。嗯，基本上這是價值觀的問題，那樣的人也只能隨他去，只是我覺得這種行為一點也不美，把自己的想法強加於別人身上更是一大錯誤。

——這……您還真是奇特的創業者。一般來說，創業者都會肯定拼命努力，不是嗎？不只創業者，全日本都認為努力不懈是很了不起的事。

川上　雖然有點突然，我想問問，你有沒有想過日本聰明的人都在哪裡？

——呃……在哪裡呢？

川上 全日本最聰明的人，都集中在政府機關、貿易公司、金融業界。這些聰明人通常都因為太聰明所以不工作。他們的聰明才智都用在思考要怎麼樣才能輕鬆過活。

——對耶！

川上 我聽過貿易公司的人這樣說：「我們什麼都沒有，也不會生產出新東西，我們只是擁有避開風險的能力而已。」這就可以很清楚說明，他們擁有的是「寄生」的能力。

——想辦法讓他人擔負風險，對嗎？

川上 沒錯。金融業也是寄生於資本主義之下，獲取利潤的組織。頭腦聰明的人，大都在做這些事。那不聰明的人都在做什麼？他們都跑去追求夢想了。（笑）

——對啊！（笑）我們做數位內容公司，完全如您所言啊！

川上 不要傻傻追求夢想，輕鬆生活比較好嗎？我覺得應該從「美學」觀點來看。我認為不能做蠢事，但又強烈地想試著做蠢事。因為像聰明人那樣輕鬆吸取宿主養分的生活方式，我並不喜歡。

——只是輕鬆而已，一點也不有趣啊！

川上　沒錯，很無聊啊！因為覺得有趣而放手去做是最重要的。抱持著「正確的使命感」，痛苦地做事，怎麼想都不對。所以，我覺得明知是蠢事，也要蠢到底才是最棒的。（笑）至少，我想選擇這樣的生活方式。

4 要罵就讓他們罵，我就是要當個思考縝密的笨蛋

能讓新計畫順利進行的人，通常都是搞不清楚狀況的笨馬

川上先生表示，公司要做新的事情時，採用完全沒經驗的人才是正確選擇。而且，選頭腦不聰明的笨蛋比較好。川上先生用賽馬來比喻現代社會，「聰明人」的下場會如何？又會到哪裡去呢？

（2014年10月29日刊載於cakes網路平台）

全新的領域裡，根本沒有所謂的專家

——之前您提過想培養設計師成為企劃師，您有什麼養成祕訣嗎？

川上　創作者和製作人基本上沒辦法培養吧！這種人才大部分都是自然生成的。不過，我認為可以創造容易養成的環境。具體的做法就是讓員工持有裁量權。而且，

是賦予過量的裁量權。

——不是適當，而是超量的裁量權？

川上 我覺得企劃師和製作人相差無幾，那就拿製作人來當例子好了。製作人的工作，就是確保案子成功。為了成功需要採取的手段，應該要沒有範圍才對。因為製作人是這樣的角色，如果對製作人有所限制的話，他根本無法工作。

——的確是這樣耶。

川上 如果身在被限制的環境中，就很難做出成果。本來會成功的案子，都是擁有和其他提案不同的前提條件才得以成立。跟其他提案相同的條件下，還能持續製作暢銷作品的製作人，根本不存在。所以，要催生好製作人，就必須給予毫無前提限制的超量權限，這是個突破既有框架的好方法。

——但是，要給沒經驗的人這麼大的權限，實在很……

川上 很需要勇氣。

——風險也很大。

川上 是的。實際上失敗的經驗也很多。

——這完全是在考驗公司的營運和經營者的膽識。

川上 是啊！但是，會成長的人通常都來自於這樣的環境，所以還是值得一試。什麼事都得做、不做不行的環境當中，人才會開始用頭腦思考。這可以連結到創業公司在初期產生大量優秀人才，但公司規模變大後就沒有再繼續誕生新人才。這是因為公司規模擴大後，每個人能獲得的裁量權就變小了。

——像多玩國如此大規模的公司，現在仍然經常讓沒有經驗的人負責大型企劃嗎？

川上 最近成功的案例，都是一些活動類型的案子。譬如將棋電王戰或大王具足蟲※2相關的活動，都已經培養出新的人才。

——對耶！這些對多玩國而言也是新的領域。

川上 是啊！果然新的事情還是要交給毫無經驗的人去做，才是最有效的方法。niconico 的政治、報導相關領域之所以能成功，也是因為把案子交給毫無政治背景的人。

——把案子交給完全無相關背景的人真的很厲害。一般會想要讓稍微了解的人負責吧！

川上 畢竟，我們公司沒有人了解政治啊！（笑）這也是沒辦法的事。想在網路上做新的東西，無論如何都只能交給新人去做。或許有人很了解政治，但要同時熟悉網路與政治，兩者都很有經驗的人，幾乎不存在。

——的確。

川上 既然如此，宛如一張白紙的人反而更容易大展手腳。

——一知半解反而會過度在意周遭氛圍。

川上 沒錯。像是將棋電王戰，如果瞭解將棋歷史，就會因為顧慮太多而做不成。我想我們做了很多打破常規的事。

——我是長年關注將棋界動態的人，對我來說這個企劃真的很令人吃驚。

※2　大王具足蟲：一種棲息與海底的生物。日本鳥羽水族館的大王具足蟲，五年都未進食卻仍然活著，niconico 轉播大王具足蟲是否會吃下飼料的觀察影片，造成轟動。接著，2014年4月舉辦的「niconico 超會議3」更把新江島水族館裡活生生的大王具足蟲搬到會場，成為話題焦點。

川上 對吧！（笑）因為都是外行人，所以才行得通啊！

——看起來很像在亂搞，只是因為從來沒人試過。開口拜託棋士之後，大家都很乾脆地點頭答應。

川上 對啊！這樣一來才會誕生新東西。我覺得外行人的直覺非常重要。網路畢竟還是一個全新的世界，在新世界裡做什麼都不需要專家。當然，我們需要專家的建議，但是能讓專家在網路上做什麼，我實在不知道。在這個全新的世界裡，無論任何領域的專家、外行人都是平等的。所以，我認為比起專家還不如讓外行人來做，更容易發揮。

——不過，就算是外行人，也不是誰都可以的意思吧？難道沒有容易成功或容易失敗的類型嗎？您認為什麼樣的人比較適合呢？

川上 嗯……有幹勁的人吧！

——喔！還滿普通的條件耶！

川上 還有，搞不清楚狀況的人。我通常都會選這種人。

——搞不清楚狀況？

川上 覺得自己無所不能、什麼事情都難不倒我的人。為了確保自己無所不能的想法不被否定，這種人一定會認真做事。一個企劃要成功，最需要的就是這份「認真」。（笑）

——您說得沒錯，畢竟執行企劃需要實際操作。

笨馬才跑得快，聰明的馬只會成為俎上肉

川上 覺得自己無所不能的人，通常都很笨。這種人最好了。我說的「笨」，可能跟大家認為的「笨」不太一樣。我啊！覺得以本質上來說，東大生很笨。

——怎麼說？

川上 東大生是考試讀書上的贏家對吧！這就是我覺得他們笨的地方。我們不妨想想看「他們到底是為什麼讀這麼多書啊？」（笑）沒什麼特別理由吧！他們只是受到周遭的人教唆而已。

世界上有這麼多有趣的事情，為什麼要因為父母或周遭的人影響而選擇讀書呢？

順帶一提，跟這有點類似的故事，在賽馬界也有喔！我大學的時候，曾經加入馬術社團一年。

——馬術社團！太令人意外了！

川上 我那時候在賽馬場打工，從賽馬圈的人那裡聽到不少故事，其中印象最深刻的，就是會跑的馬都是笨馬。

——（笑）

川上 賽馬被人類威脅、煽動，超越自己的身體極限拼命地跑耶！這不是很笨嗎？這種拼命跑的馬，才會在比賽中勝出。那聰明的馬會怎麼樣呢？人類怎麼叫牠跑，牠也會想盡辦法偷懶。那你覺得這種馬會有什麼下場呢？

——會有什麼下場？

川上 就是變成食用肉品啊！

——哇……。

川上 三歲前都沒贏過比賽的馬，立刻就變成馬肉出貨到肉店去。笨馬得以生存，聰明的馬變成俎上肉。你不覺得這和人類社會是一樣的嗎？

——嗯……拼命跑的馬就是東大生嗎？

川上 沒錯、沒錯。在社會上勝出的東大生，和拼命跑的賽馬是一樣的。他們聽父母或他人的話，拼命地讀書。我想，這從某個角度來看是很笨沒錯。

——原來如此。

川上 所以我一直相信，就理論上來說東大生都很笨。但是，我最近發現東大出身的聰明人令人意外地多，嚇了我一大跳。（笑）

——咦？那您剛剛說的故事不就……（笑）您是因為見了各式各樣的人之後才改觀的嗎？

川上 對啊！我以前很少跟東大出身的人有來往，所以不太清楚。果然，還是不能小看學歷啊！（笑）

——終於接近一般人的想法了。（笑）

川上 但是我繞了一大圈。（笑）因為這個世界有眾多小孩都被洗腦必須為了考試讀書，能在一大群人裡取勝，一定是非常聰明的人啊！（笑）

——雖然這樣說，您也是名校京都大學畢業生，難道不算考試社會的勝利者嗎？

川上　我不曾為了考試而讀書耶！

——是這樣嗎？

川上　不要說為了考試而讀書了，學校上課的預習、複習、作業我統統沒做過。但是我就讀的高中，上課時間很長，上課時間也沒別的事做，只好讀書。剛好我自己本來就喜歡閱讀、化學和電腦，所以成績也還不錯。

——自己喜歡的領域剛好跟課業重疊了，可能是最大的影響。您沒有想過要考東大嗎？

川上　我有考，但是落榜了。我想東大還是要讀書才有辦法考上吧！回到我剛剛說的，在賽馬的世界裡，聰明的馬會變成馬肉。人類的世界裡，聰明的人會怎麼樣呢？

——這個話題好可怕喔！

川上　我覺得這些人都在網路上。這些人自尊心高、又愛在網路上發表自己的意見。聰明的人類下場就是跑不動、也不會成為俎上肉，但是會成為網民。

——哇……。

川上 我跟那些在網路上常見的人一樣。曾經都是覺得為了考試而讀書很荒謬的「聰明人」。我補充一下，所謂的聰明跟在社會上是否成功沒有關係。

——我雖然可以理解，但是感覺很不痛快。（笑）不過呢，「無聊的事情就偷懶，只去做好玩的事」讓大腦感到無比快樂，從這方面看來，確實是很聰明。

川上 是啊！我以前很喜歡聰明的人，所以小學、國中、高中我都刻意選聰明的人當朋友，但是他們在學校成績不好、生活態度也很差。所以，我當時屬於全班公認最差的小團體。

——哇，是這樣啊！那朋友們當時都在做什麼呢？

川上 玩電腦、桌遊、看漫畫之類的。基本上就是不讀書，沉浸在自己有興趣的世界裡。當時我們還討論過「像我們這樣的人，十年以後也會從大學畢業，然後變成上班族嗎？」、「真是太不可思議了。」之類的話題。結果，除了我之外，沒有人從大學畢業。

——哇……。

川上 這表示我們當初的直覺非常正確。

——那大家現在都在做什麼呢？

川上 很多人都在我搬家去念大學時失聯，我也不是很清楚。畢業五年後聽到的消息是有人靠打柏青哥過活、或者靠女人養之類的。

——靠女人養也需要具備合適的能力吧！（笑）

川上 我覺得靠女人養的人，頭腦不好還真的做不來。就這樣，我們這群人都沒辦法成為正常的社會人士。我也是啊！結果，我其實跟他們是同一掛的人，跟這些在網路上，懷抱著不滿情緒口出惡言的人一樣類型。我其實偷偷地，不過應該很明顯了啦！有在使用推特之類的社群功能。如果看過我在跟人家吵架的時候，寫的一些內容就會知道，我完全是一個VIPPER※3。（笑）當初公司如果失敗了，我現在一定在網路上興風作浪。

——我本來以為您是謙虛才這麼說，不過在一般的價值觀裡，您從前的確可能是不會成功的類型。

川上 是啊！現在會這樣真的是偶然。我對此還有一點罪惡感呢！

※3　VIPPER：指常常使用2channel的「新聞快報」（VIP版）的使用者。

取勝需要的是計算，而不是勇氣

niconico 剛開始是一間虧損連連，而且被認為是違反著作權法的公司。然而，川上先生認為這並不是一場有勇無謀的豪賭。創業並不是一場豪賭，而是從很多場小小的賭博累積而成。川上先生理論性的思考，傳達出「計算」的重要。

（2014年3月5日刊載於 cakes 網路平台）

吉卜力和 niconico 動畫都不是在賭博

——之前，我們談過聰明人總是想著如何輕鬆過活。我想起吉卜力工作室的鈴木敏夫先生，見過他的人都說他很聰明。可是，做動畫這種追求夢想的事，不就等於一場豪賭嗎？您認為如何呢？

川上 鈴木先生是很講究理論的人。外人看起來可能很像在賭博，但根本不是。這些都經過縝密計算。

——是這樣啊！

川上 從世俗的眼光來看，讓宛如一場賭博的計畫成功，會令人非常興奮吧！鈴木先生只是覺得這樣很好玩才做這些事。讓這些貌似賭博的事成功，就是等於賭博一定要賭贏。「賭贏」跟「賭博」是不一樣的。不是擲骰子而已，還要擲出會贏的點數。鈴木先生就是用這種理論性的思考在做動畫。

——雖然貌似賭博，但其實從理論上已經可以預測結果。

川上 沒錯。追究至逼近本能的境地、徹底地以理論思考，這點我和鈴木先生很像。我們的人格本身並不像，但想法有很多相同的地方。我也不覺得開始做niconico 動畫是在賭博。

——niconico 動畫剛開始虧損額很高，旁人看來的確很像在賭博。像這樣由使用者製作產品的消費者生成內容網站，如果使用者多就會開枝散葉，但使用者少就無法成立。這和雞生蛋、蛋生雞的關係一樣，使用者會不會增加，不試試看不會知道結果。您當時不擔心嗎？

川上　的確是有無法預測的部分，但兵來將擋水來土掩，我並沒有特別擔心。很多人覺得 niconico 動畫是一場賭博，但非如此。其實，這是透過很多小型賭博累積而成的結果。

——小型賭博的累積？

川上　譬如說拜託博之※4，他會不會答應幫忙？多少人會造訪網站、多少人會成為使用者？其他還有很多例子，其實都是像這樣小小的賭注累積成現在的結果。絕對不是擲一次骰子定生死的豪賭。

——的確，博之先生在設立 Niwango※5 時擔任董事對公司非常有幫助吧！他針對使用者人數，假設有多少人造訪網頁就會有多少比例的人登錄，並且執行驗證。這些都是服務開始前就已經全部想好了嗎？

川上　是的。我們的網路服務如果開始火紅，智慧財產權團體可能會有所不滿，我們在服務開始前就已經商討過如何應對。niconico 動畫開始前，主要的遊戲公司和音樂製作公司等業界相關人士，我都一一拜訪過了。

——原來是這樣啊！川上先生自己一個人拜訪嗎？

川上 不是，很多人一起去。我們採用各個擊破、滴水不漏的作戰方法。那時候我們的網站還沒開始，我想對方也還沒搞清楚狀況吧！不過，事前有先打過招呼，必定會在日後帶來好的效果。

——打招呼的確很重要，尤其是在日本。但是，就niconico的形象而言，我有點意外，沒想到當初竟然曾經四處打過招呼。

川上 多玩國原本就有顧問律師，但為了著手niconico動畫，我們專程請了另一位擅長著作權的律師來做顧問。在法律問題方面，我們經過非常綿密的討論。像這樣見招拆招，就可以把風險分散得更細，每次只要針對一個問題處理就好。所以，吉

※4 博之：西村博之先生。日本大型布告欄「2channel」的創始人，曾任管理者。

※5 Niwango：多玩國於2005年11月成立的子公司，業務為數位內容企劃製作，也是營運niconico的公司。博之先生在公司創立時擔任董事。

卜力的鈴木先生也是，大家雖然認為製作電影是風險很高的事情，但實際上不可能直接處理這麼巨大的風險。

——喔！原來如此啊！

川上 在更細微的製作或宣傳過程中，會出現很多一旦失敗就無可挽回的關鍵點。每個關鍵點有多少機率會失敗？失敗時有什麼方法可以補救？能補救的機率有多少？如果能夠順著這個方向思考，大概就能推估出正確的風險值。

——哇，太有趣了。不管是創業還是執行某個計畫，很多人都抱著「不試試看怎麼會知道，咱們就賭一把吧！」這種想法開始耶！

川上 你只要強烈地想著「賭一把」，所有思考都會停止。（笑）簡直大錯特錯啊！這種時候不好好想怎麼可以呢？我們需要的不是勇氣，而是精密的計算。

——您這番話太有道理，我完全無法反駁。

川上 很多人認為 niconico 動畫遊走在法律尚未能明確解釋的領域中，甚至有可能被告，即便如此 niconico 動畫還是選擇挑戰。所以，我們的服務開始時，網路出現「原來這種服務是必要的，我當初應該要鼓起勇氣做做看才對！」、「果然還是要有勇氣跨出這一步才能成功啊！」之類的留言。其實並不是這樣的，重點不是勇氣啊！沒有經過綿密的計算，光靠匹夫之勇只會被抓去關。

——網路世界裡，偶爾會出現什麼都沒想，卻大獲全勝的人啊！

川上 是啊！所以很麻煩啊！（笑）

——YouTube 之類的網站，是不是也如此思慮縝密呢？

川上 應該不是。尤其是新開闢的領域，有勇無謀之人取勝的情形也不少。

創業成功的機率比中樂透還低

——事前如此縝密地計算，難道沒有人提過「風險太高，放棄吧！」這種話嗎？

川上 通常都會走向放棄對吧！不過我是以執行為前提在計算風險的，所以沒有放棄這回事。對了，我覺得會想迴避風險的人，大部分都對數字不靈光。

——對數字不靈光？（笑）

川上 不是常常有那種人嗎？只是理論上會有風險而已，就放棄不做的人。但其實這些風險會發生的機率，說不定計算之後就發現幾乎趨近於零。如果是這樣的話，不是更應該嘗試嗎？

——您的意思是，只考慮有沒有風險，卻沒有計算期望值※6的意思吧！

川上 沒錯、沒錯。思考風險時，必須一併考量發生的機率以及可能的回饋值。然而，公司整體必須迴避風險的價值觀根深蒂固，甚至出現只要能證明有風險就會獲得表揚的文化。

——舊體制的公司往往都是如此。上班族真的是一個風險最低的職業耶！

川上 真的是這樣啊！就算賭輸了也不用付錢，可以一直在安全的狀態下賭博。當上班族真是太棒了！我就是這樣想，所以一畢業就去當上班族，但是後來不小心跑去創業，真的累死我了。（笑）

——您常常說，不鼓勵大家創業對吧！

川上 創業確實有一定程度的賭博成分，但大部分的人都沒有正確掌握自己在賭什麼。明明全知的神已經告訴你：「你成功的機率是零！」仍然有很多人在這種狀態下創業。這表示他們只靠表面上的概率判斷，卻不知道真正的概率為何。

——真正的概率？

川上 譬如每年有一百萬間公司成立，其中約有五十間公司可以上市。聽到這樣的數據，他們會以為成功機率是二萬分之一。當這些人心想我可以賭這 0.005% 的時候，但是實際上的成功率遠比這個數字還要低。成功的五十間公司裡，有的是本來就擁有獨特技術、或者有背景、有適當的人才。

——從起跑點就出現差距了。

川上 大家都以為跟買彩券一樣平等，但實際上卻有「優先彩券」這種東西，只有買這種彩券的人才可能中獎。一般彩券裡面沒有一張是會中獎的。鼓勵創業就跟鼓勵大家去買一般彩券是一樣的道理。

——有人認為現在創業成本降低，比較容易開始，也沒那麼簡單就倒閉。越來越多人創業，包含那些有勇無謀之人，成功人數也會大大增加不是嗎？

※6 期望值：概率乘上獲利的總和。譬如骰子每個面出現的機率都是六分之一，擲一次骰子的期望值就等於三點五。

川上 這種推論完全不成立。世界上投資報酬率最差的賭博就是買彩券。創業變得更容易，就等於彩券變便宜更容易下手買而已。然後買的人越來越多，中獎機率就越來越低。

——因為競爭對手變多。

川上 沒錯。如果稍微計算一下期望值，就知道數值下降。以前沒辦法參加創業賭博的人，就像彩券變便宜我也買得起一樣，開開心心地一窩蜂來買不會中的彩券。

——您的意見跟最近鼓勵創業的思潮完全相反呢！（笑）

川上 創業要成功，減少競爭對手非常重要。在開放性市場裡，一腳踏入可能出現很多競爭對手的領域，我覺得這種人很笨。在創業變得很容易的時代，更不能跑去創業啊！

——您的意思是，以前那種最少要一千萬日幣才能創業的時代比較好囉！

川上 那種情況下，成功機率比較高。風險低和成本低容易買，完全是兩回事。我覺得很多人都沒搞清楚這一點。在美國，大家都知道創業很蠢，但因為社會上仍然需要一定程度的笨蛋，所以才把創業當作是很光榮的事。考量社會整體需求，我認為這種思維十分合理。然而，不去考量這些問題，一味地讚揚創業是件好事，我覺得大錯特錯。

只要是一間公司，雇用員工時就應該考量經濟合理性

多玩國不只招募應屆畢業生，工程師也招募有工作經驗的人。曾經有一段時間，工程師出現大量離職潮。當時陸續出現說明離職經過的部落格，在網路世界成為一大話題，這時多玩國內部究竟發生什麼事呢？本篇將深入挖掘川上先生對優秀工程師的錄用及管理心法。

（2014年1月29日刊載於cakes網路平台）

國高中畢業vs大學畢業，工程師之間發生文化鬥爭

——您之前說，2012年有一段時間出現工程師離職潮。我可以針對這件事情再問得仔細一點嗎？

川上　可以啊！基本上我們公司的工程師都不會辭職，那時候可以說是公司有史以來第一次那麼多人辭職。

——我找到當時有幾個以「我離開多玩國了！」為名的部落格。

川上　沒錯、沒錯，就是那個時期的部落格。

——為何工程師會離職呢？

川上　第一個原因，必須談到我們公司嘗試許多奇奇怪怪的招募方式，其中之一就是「2channel 招募」。我們在程式相關版裡放上人才招募的廣告，透過 2channel 招募人才。我們想找優秀、突出的人才，就算有溝通障礙也無所謂。不過，就結果來看，當時錄取的人都沒辦法繼續雇用下去。也因為這樣，有幾個人受影響而辭職。

——當時似乎有人散播流言，事情鬧得很大。從旁觀者看來也覺得應該沒辦法再雇用這種員工……。

川上　對啊！真的沒辦法。嗯，針對這個問題，應該要談到什麼程度呢？我想大家都誤會一件事，很多人以為我偏好雇用這種奇特的人。其實並不是這樣的，我當初甚至反對錄用這些人。

只是，有員工自告奮勇地說他會照顧這些人，所以我想公司裡有這種員工的話，站在公司的立場也應該保護有點問題的人。結果，想保護問題員工的幾個人，最後還是撐不下去了。這樣一來不就本末倒置了嗎？基本上，多玩國並非慈善機構，只要是一間公司，就應該依照經濟合理性來雇用員工。

如果這個人有一些問題，那麼他必須要有超越這個問題以上的價值才可以。剛剛您也提到，有人在大地震當天散播流言，事情鬧得很大。這件事有損企業品牌形象，但依我判斷不至於需要因此解聘。可是儘管如此，有好幾個員工為了護著這個人，精神上大受打擊，這對公司來說，不符合經濟合理性，因此，我才決定解聘散播謠言的人。

我想這可能和一般公司解聘的基準完全不同。如果依照一般的基準來說，他應該已經被解聘十次了。

——他是有能力的工程師嗎？

川上　嗯，非常優秀。以工程師來說，他有沒有達到定量的成果，我不敢斷言。但我們公司的確因為雇用他，有得到一些回饋。大家為了護著他那麼努力，我也學到

不管是什麼人都有好的一面，找出優點很重要。所以，那些護著他的員工，並沒有得到懲罰，還繼續在公司工作。（笑）

然而，因為這件事，有人覺得原來多玩國是一間會拋棄員工的公司而感到失望，造成部分工程師離職。

——這就是工程師離職人數暴增的原因啊！

川上 不只這件事而已。另一個原因是由於網路串連，透過學習會招募的員工集體離職。

——喔？他們是為什麼離職呢？

川上 包含後來進行改革的基礎設備等等，當時多玩國的開發制度上有很多沒效率的部分，他們對這些感到十分不滿。我覺得他們的批評，其實很有道理。

——參加學習會的人都很有上進心，所以才會更厭惡效率低的事情吧！

川上 我倒是覺得這個問題讓公司內部的學歷鬥爭浮上檯面。

——學歷鬥爭？

川上 一直到三、四年前，我們公司研發團隊部長級以上的員工，超過半數沒有大學學歷，甚至還有國中畢業的人。國高中畢業的人，大概各佔一半吧！

——哇！這也太強了！

川上　他們都是有長年經驗的工程師，所以比大學畢業的人還更會寫程式。但是，像這樣靠自學累積經驗獨當一面的工程師，最近幾乎不存在。所以，新進的員工大部分都是大學畢業的人。如此一來，大學畢業生這種學院派的思維，跟國高中畢業從實戰中累積經驗的想法總是不合，時常有衝突。

大學畢業生往往會想用最新的研發語言、手法。但是，從以前做到現在的工程師會用現實理論來思考，根本無法了解問題的本質，他們會認為「用最新的有意義嗎？運作那麼不穩定。」我自己認為，兩者對立來自這種文化衝突。

這種對立情形在出版業也曾經發生。我聽鈴木敏夫先生說，現在出版業界的人普遍學歷都很高，但以前幾乎沒有大學畢業生。所以，我想多玩國也進入這個階段了。

我們等著人力銀行來找麻煩

——現在貴公司有多少工程師呢？

川上 大概三百人。因為我們提供很多種服務，所以三百人其實完全不夠。如何增強工程師這一塊，是多玩國現在的課題。

——招募工程師很辛苦吧！現在每個公司都在徵工程師。

川上 對啊！不過我們公司不管是應屆畢業生還是已經有工作經驗的人都有招募，整體上來說工程師的技術能力都滿好的。

——在多玩國工作，感覺很有趣。為了因應大量求職，您已經在政策上，設立門檻過濾人才吧！

川上 您是指應屆畢業生的報考收費制度※7吧！這件事在 cakes 上談的話，要從

※7　報考收費制度：多玩國於 2015 年導入應屆畢業生應徵時收取報考費用的制度。應徵的人必須繳交考試費用 2525 元日幣。多玩國將這筆考試費用全數捐給日本學生支援機構。

哪理切入比較好呢？嗯，說白一點，就是要不要直接批判 Rikunabi（譯註：リクナビ為日本的大型線上人力銀行。）呢？（笑）

——哎呀！批判 Rikunabi 嗎？（笑）

川上 我很期待 Rikunabi 對這個制度會有什麼反應耶！

——您在其他採訪時直接點名：「Rikunabi 拒絕刊登我們公司的徵才廣告。」

川上 我想對方應該非常在意才對，現在默不作聲只是在等風頭過去。我已經想好如果對方來找碴，我就故意在 niconico 動畫上面，針對這件事做問卷調查。可惜對方到現在都沒有任何動作。

——多玩國把考試費用全數拿去捐款對吧！

川上 靠這個賺錢也沒什麼意思啊！我們故意用收錢的方式，引發正反兩極的意見，目的是希望大家對目前找工作的狀況抱持疑問。如果提高門檻是出難題讓學生回答長篇大論，那只要企業花心思出題、學生努力讀書就結束了。如此一來，Rikunabi 應該負擔的責任就變得含糊不清。

——您果然是針對 Rikunabi 啊！

川上　沒錯。現在找工作的情況非常奇怪。我認為把這些現象歸咎於時代變遷或自然現象是不對的。這很明顯是人為災難。我不知道 Rikunabi 故意的成分佔多少，但他們的確有責任。而且，這個問題應該要讓世人知道。

——那為什麼您還是想用 Rikunabi 和 Mynavi 等網站來招募應屆畢業生呢？Rikunabi 拒絕您刊登廣告，就表示您曾經想在上面招募人才吧！我覺得您直接在自己公司的網站上刊登應該就可以解決了……。

川上　我只是單純認為他們是找工作的學生最常接觸的網站而已。這跟他們的做法很奇怪是兩回事。

——您的判斷非常實際。對他們而言，多玩國如果收錢，學生就會減少應徵的公司，這不合他們心意對吧！

川上　對啊！所以 Rikunabi 才拒絕我們刊登招募資訊，很顯然罪證確鑿。他們希望學生可以多多應徵。排行榜前幾名關鍵字自動設定為「統一應徵」、「開放性履歷」等等，他們發展出很多讓學生可以輕鬆應徵的功能。這對找工作的學生或招募人才的企業，其實是一大負擔。

——啊!對耶!企業得花錢、學生得付出勞力。

川上 這種組織架構根本就是自導自演。他們就像武器商人一樣,對雙方都擺出一副「您真辛苦」的表情,然後向雙方兜售武器。找工作的時候會用到的職業適性測驗,就是由招募人才的集團公司製作。他們自己設法增加應徵人數,然後再兜售可以篩選龐大應徵人潮的工具。

——啊!原來是這樣運作啊!的確,我沒注意到這一點。

川上 與其說我想批判他們,不如說我想讓大家認清這個現狀。不只是其他公司的人事部門,很多人都告訴我「幹得好!」紛紛表示支持。我希望藉著這個機會,促使企業採用多元的招募方法,讓學生選擇應徵真正想進的公司。

4 要罵就讓他們罵，我就是要當個思考縝密的笨蛋

反對定期招募應屆畢業生的人是笨蛋

川上先生說如果自己也在找工作，也不知道該怎麼辦。找工作這件事的確不容易，最近網路上常出現「反對定期招募應屆畢業生！」的意見，川上先生對此表示反駁。究竟，定期招募應屆畢業生的好處是什麼呢？

（2014年3月19日刊載於cakes網路平台）

現在的就職活動，連我都覺得頭痛

——您曾說創業人數增多，競爭會更激烈，導致成功機率下滑。我在意的是，如果單純以數量來說，上班族的數量更多，競爭不就更激烈更辛苦嗎？

川上　沒這回事。數量多跟競爭激烈不一樣。像創業本來就是激烈競爭的領域，人一旦增多競爭就會更激烈。然而，上班族進入公司之後，就不再需要競爭了。嗯，可能為了出人頭地多多少少需要競爭也不一定啦！

——原來如此。

川上　不過，在進入公司之前，也就是找工作的時候，就會很辛苦。因為必須跟大家一起競爭。現在的公司通常都以溝通能力和學歷在挑選人才，如果這兩項都沒有的人就會很辛苦。

——現在很多學生為了找工作而煩惱。姑且不論有證照或專門技術、知識的人，一般的文科大學畢業生，要去哪裡找工作啊？

川上　嗯……。很難找工作吧？真的很難！如果我自己就是在找工作的學生，也不知道正確答案。

現在日本最熱門的企業幾乎都是大公司。但現在這個時代，大公司也會倒閉或者被併購。如此一來，不如回到國家懷抱，選擇當公務員。然而，日本現在國債已經超過GDP的好幾倍，總有一天會破產不是嗎？

——對啊！（笑）

川上 今年開始工作的人，離六十五歲退休還有四十三年。四十三年後，日本的財政一定會出現問題。在這種情況下，公務員當然會受到嚴重衝擊，今後公務員已經不再是鐵飯碗了。

再這樣下去，誰都不知道什麼才是最好的選擇。說不定農業還比較有發展。

但是，農業如果因為ＴＰＰ（跨太平洋戰略經濟夥伴關係協議）而自由化，可能就無法賺錢。沒有比現在更難判斷風險的時代了。所以，我認為比起創業，還是就業比較好。只是，我也認為找到工作並不代表從此就能安心。

如果我是正在找工作的學生……真的會很煩惱。

——只能說現在這種狀況很麻煩啊！

川上 儘管如此，我想大企業還是相較之下比較好的選擇。跟創投企業比起來，不會這麼快倒閉。我的意思不是大企業就不會倒喔！

——年輕時在創投企業工作，累積許多業務經驗再轉職。也有人是用這種經歷在找工作啊！

川上 嗯……但是，曾經在創投企業工作、或經營創投企業但倒閉的經營團隊，這種經歷在轉職的就業市場裡，會加分嗎？如果是從公司上市前就已經加入的成員可能還會加分，但是大多數人聽到這種經歷應該都會覺得「活該」吧？

——活該？（笑）這不是您的意見，而是大家的意見對吧？

川上 我不會覺得人家活該啊！只是，日本社會就是這樣，基本上對創業的人都很嚴格。我覺得很多人都抱著「只會一味地追求夢想」、「還是腳踏實地做比較好」之類想對創業者說教的想法。

——的確，好像有這種傾向。

川上 企業普遍認為，這些人從創投企業突然轉為上班族應該不好用。所以，創業者在就業市場裡評價並不好。

——這些人往往會轉職到另一個創投企業對吧！或者，企圖再另起爐灶。

川上 嗯，對啊！就看他們想要累積什麼樣的職業經歷吧！

招募應屆畢業生，就是保證就業的實習制度

川上　對了對了，我一直很在意一件事。網路上有很多人說「定期招募應屆畢業生已經落伍了，應該改成整年招募的制度才對」、「只有日本才會定期招募應屆畢業生」對吧！我覺得這是很嚴重的誤會。

——誤會？

川上　那些人應該以為改成整年招募之後機會增多，大家都可以得救，但其實並沒有這種好事。

國外採整年招募制度，沒有技能的人是找不到工作的。在美國找工作，企業只看職務經歷與大學主修什麼這兩項而已。他們幾乎不考慮求職者未來的可能性。

——如果沒有經驗或知識，就不會被採用。好像所有人都用中途轉職的方式在求職呢！

川上　沒錯。也就是說，企業只會看你做過什麼工作、有什麼證照，所以從大學畢業宛如一張白紙的新鮮人，很多工作都不能做。

在美國如果想當程式設計師也必須要有電腦科學的學位，所以大學新鮮人的就業率大概落在百分之五十，這是很正常的現象。

——在先進國家，越年輕就業率越低對吧！

川上 對啊！因為他們沒有定期招募應屆畢業生的制度。結果沒想到竟然有這麼多人認為，定期招募應屆畢業生是找不到工作的元凶，我覺得太不可思議了。我想世界上沒有其他國家能像日本這樣，賦予大學生選擇職業的自由。

——讓大家都能站在同一個起跑點上。

川上 為什麼日本可以讓剛畢業的新鮮人選擇任何職業？就是因為有定期招募應屆畢業生的制度，讓企業負責進行職業教育訓練。

——喔！原來如此。

川上 嚷嚷著廢除定期招募應屆畢業生制度的學生，應該天真地認為企業採整年招募制度，還會負責新人教育吧！企業才不會做這種事呢！一旦採整年招募，你就跟中途轉職進公司的人一樣了。

——您的意思是定期招募應屆畢業生的制度，就算沒有任何經驗，也可以藉由企業的新人研修或OJT（On-the-job training）學習技能。對新鮮人來說，是非常有利的制度。

川上 沒錯。如此一來，就算沒有職務經驗，也能在實習過程中累積實力。你仔細想想，以社會整體角度來看，新鮮人就等於實習生啊！

——喔！的確，實際上是這樣沒錯。

川上 日本有多少企業會選擇廢除定期招募應屆畢業生，改採實習生制度呢？一定只有少數企業會這麼做。

畢竟，實習生制度在日本並不普遍。讓什麼都不懂的學生工作，只是徒增成本並不會有任何回饋。所以，屆時能接受職業訓練的人，恐怕只剩現在的十分之一或者更少。

——而且，實習跟就業的契約是分開的，實習結束後還必須從頭開始找工作。定期招募應屆畢業生的制度，跟就業是綁在一起的。

川上 而且受訓還有薪水可以拿，實習制度很多都不支薪。我不知道大家是不是都了解這些缺點才這麼說，但反對定期招募應屆畢業生的人為數不少。

——我覺得反對者可以分成高學歷的強勢族群跟不受眷顧的弱勢族群兩種。

川上 沒錯。反對者有強者跟弱者兩類。不過，強者只是自以為自己很強而已。定期招募應屆畢業生的制度一旦消失，還能被稱為強者的人其實只有少數。真正的強者，遠比大家想像中的還要少很多。所以反對定期招募應屆畢業生的人有兩種，一種是自以為很強的笨蛋；另一種是明明很弱，卻意圖破壞保護弱者制度的笨蛋。

——哇，好直接。（笑）

川上 嗯，對笨蛋還是要說清楚比較好。

——是、是的。

5

徹底思考理論

川上量生到底是不是歐吉桑殺手

川上先生開始聊起跟原訂題目毫無關係的話題——所謂的「歐吉桑殺手」。川上先生似乎對自己被稱為歐吉桑殺手感到不解。究竟，川上量生是不是歐吉桑殺手？認真思考歐吉桑殺手的定義之後，川上先生又得出什麼結論呢？

（2014年9月24日刊載於cakes網路平台）

曾試著要去應酬，但是卻以失敗收場

川上　那個，我想聊一下「歐吉桑殺手」這件事，可以嗎？

——呃……歐吉桑殺手嗎？

川上　我看網路上好像有很多人覺得我是歐吉桑殺手。大家這樣想是無所謂，只是細節上有很多錯誤。

——我看過有人用這種語詞，來描述多玩國與 KADOKAWA 合併的事情。

川上 大家所想像的歐吉桑殺手究竟是什麼概念呢？我自己也已經是歐吉桑的年紀了，可能用老頭殺手會比較貼切吧！

不過，歐吉桑殺手也好，老頭殺手也好，那究竟是什麼樣的概念呢？我想大家應該都是抱著很模糊的想法在使用這個詞彙吧！我希望能明確定義歐吉桑殺手到底是什麼。

——說……的也是。（笑）

川上 歐吉桑殺手究竟是人種？還是能力呢？

——嗯。

川上 認為我是歐吉桑殺手的人，總會嘀咕：「我也好想像川上先生一樣，擁有歐吉桑殺手的能力。」也就是說，他們認為歐吉桑殺手是一種能力。那麼，歐吉桑殺手必須具備什麼樣的能力呢？我們姑且定義為：「被有權力的老年人喜愛的能力。」

——好嚴密的定義。

川上 是的。我覺得大家想像中刻意討人喜歡的能力，不外乎是拍拍馬屁、說一些違心之論討人歡心等等。所以歐吉桑殺手這個詞背後，伴隨著「還真會拉攏人」的嫉妒心。

——啊，好像是這樣耶！

川上 我啊！完全沒有那種能力啊！（笑）我不會拍馬屁，也不會說一些違心之論稱讚別人。基本上我不會說謊，所以我不太參與應酬的場合。這不是我的原則不允許之類的，只是單純做不到而已。我覺得應酬其實很符合經濟效益。如果藉此可以跟對方關係變好，工作得以順利進行，那就應該去應酬。

——說得也是。

川上 我自己也是啊！成為董事長之後，我嘗試應酬好多次。但是，我參加應酬的場合，完全沒辦法讓對方開心。（笑）因為我根本沒有交際應酬的能力，所以還是不要在這個領域裡跟別人競爭比較好。

——哇，沒想到您也想過要應酬啊！太意外了。

川上　現在也偶爾會需要應酬啊！我都會想著：「今天要好好努力！」但最後幾乎都會失敗。

——那會因為覺得自己今天又再度失敗，而感到失落嗎？

川上　嗯，當然會失落啊！會覺得自己果然辦不到。

——那麼，歐吉桑也好女性也好，您有自發性地想和某個人交朋友的時候嗎？

川上　呃，我基本上很被動。

——不會積極地跟別人攀談。

川上　大多都是接近那個人而已吧！

——縮短物理上的距離？（笑）

川上　是啊！（笑）然後期待對方會不會來跟我搭話。

——非常阿宅的行為耶！

川上　完全正確。所以我根本沒辦法刻意討人喜歡。我沒有那種泛用性的能力。為什麼大家還會認為我是歐吉桑殺手呢？因為鈴木敏夫先生和角川歷彥先生很喜歡我，這些非常稀有的案例，讓大家推測我一定具有這種泛用性的能力。

——這些案例中登場的歐吉桑都是很特別的歐吉桑耶！

川上 對啊！他們非常特別。你覺得這兩位會因為你拍拍馬屁就心情好、跟你稱兄道弟嗎？

——我覺得不可能耶！如果你別有居心，他們應該會馬上看穿吧！

川上 對吧！歐吉桑殺手或老頭殺手這種話，隱含著利用對方的意思。連哄帶騙、討人歡心，最後利用對方。這些手段在兩位身上完全不適用。所以，這種情況用歐吉桑殺手的能力來解釋，本來就是錯誤的。

既沒有討人歡心的能力，也沒有討歐吉桑歡心的能力

——那麼，您是如何與兩位親近的呢？

川上 那是個性合不合的問題。再來就是我們有共鳴吧！我覺得這跟阿宅的定義非常接近喔！

——喔？怎麼說呢？

川上 人家都說阿宅如果變成敵人會是個威脅，但若成為朋友又不太可靠。（笑）這句話完全體現了阿宅的特質。阿宅面對共同的敵人，團結起來可以發揮強大的力量，但他們本身其實並沒有太緊密的關係。

——我可以了解那種感覺。（笑）

川上 說得難聽一點，如果在班上老師宣布：「請自行選擇喜歡的同學分組。」阿宅通常都找不到其他阿宅，最後沒地方去的人就自然而然地聚在一起。（笑）阿宅的團體，都是這樣來的。

——原來如此。

川上 我是學化學的人，就用化學來說明好了。假設「朋友」是原子結合成分子時的吸引力，這是一股強勁而穩定的力量。但是，阿宅聚集在一起的團體裡，分子間的凡得瓦力※1十分微弱。

——凡得瓦力！

※1 凡得瓦力：分子之間的吸引力。

川上　我和鈴木先生、角川先生之間的關係，應該也是很微弱的連結。至少，剛開始熟識的契機非常薄弱。

——是這樣嗎？

川上　簡而言之，我們就像沒辦法跟他人結合的分子，所以自然而然地聚在一起。鈴木先生和角川先生本身都是很特別的人啊！所以，他們雖然有朋友，但畢竟不是同類，都是一些立場不同的人。

——啊，是這樣啊！

川上　經營者是很孤獨的，因為公司內部不會有人跟經營者站在相同的立場。也就是說，在構造上，經營者必須是獨特的存在。所以，經營者和經營者之間會有一種同道中人的親切感，那並非個性合得來，只是因為處境相同而已。而鈴木先生和角川先生兩位，又很難找到處境相同的人。

——我想也是。他們太特別了。

川上　沒錯。在特殊人群中，我只是剛好跟他們意氣相投而已。

——所以，您才會認為自己不是歐吉桑殺手。

川上 不是歐吉桑殺手……我並不想爭論是不是歐吉桑殺手耶！

——呃？（笑）

川上 我並非大家想像中的歐吉桑殺手。而且，我也沒有如大家所想的，具備對任何人都有效的歐吉桑殺手能力。是說，這種能力真的存在嗎？歐吉桑殺手到底是什麼意思？這才是我想問的問題。

——喔！非常追根究柢的問題。

川上 你能了解嗎？我基本上對別人怎麼想我，完全沒有興趣。但是，看大家用著理論上不成立的詞彙討論這件事，我就不得不去在意。如果說能夠明確定義歐吉桑殺手這個詞，而且又符合我本人的話，我也會認同啊！

——說得也是。（笑）

川上 如果歐吉桑殺手的定義有更新，說不定會符合我本人。所以針對這件事，我不否定。另外，我覺得世界上的確有討人喜歡的能力。不過，有沒有特別針對歐吉桑的能力，我就不知道了。畢竟也有人很容易交朋友，卻沒辦法對年長者阿諛奉承啊！

——是啊！（笑）

川上 如果是這樣的話，歐吉桑殺手也可能獨立存在吧……。反正，不管是討人喜歡，還是討歐吉桑喜歡，這兩種能力我都沒有！

——呃……我聽您講太多次歐吉桑殺手，越來越搞不清楚了。（笑）

川上 就結論而言，我想說的是，大家對歐吉桑殺手的定義本來就不明確！這單純只是你們的願望而已吧！

——這樣我就懂了。（笑）在沒搞清楚定義之前，不要輕易稱呼您為歐吉桑殺手對吧！

理性思考「他很像我」的問題

大家認為川上先生跟很多大人物十分相像。川上先生會用理論性地思考來解釋，在什麼樣的條件下，人們會判斷兩個人「很像」呢？後半段話題轉到大腦如何分辨相同類型。川上先生將從腦的認知構造，來解釋理論和直覺。

（2014年10月1日刊載於cakes網路平台）

我是網路上常見的、不會成功的類型

——我已經了解您並非「歐吉桑殺手」。但是，您跟鈴木敏夫先生、角川歷彥董事長兩位歐吉桑感情甚篤的原因，只是因為個性合得來嗎？

川上　我覺得重點還是在稀有性吧！畢竟，經營公司但卻不太工作的創業者很少。

——您在吉卜力工作室當實習製作人的時候，幾乎沒有到公司上班對吧！

川上 當時沒有，現在也很少上班。

——不會吧！（笑）

川上 真的是這樣啊！我這個人對經營沒什麼企圖心……像我一樣站在這種立場工作的人，我想應該不多。也就是說，乍看之下跟我很像的人，其實很少。從架構上來看本來就少，所以我認為最根本的問題應該在於稀有性吧！

——理由非常簡單耶！這樣就可以說明一切了嗎？

川上 我們可以再想想，人類在什麼時候會判斷兩個人「很像」。譬如說我跟你，DNA有99.99%相似。一樣有兩條胳臂、兩條腿、兩個眼睛，但不會有人覺得我們很像吧！

——對啊！

川上 那什麼時候會判斷兩個人很像呢？如果有一個人擁有大多數人都沒有的特質，而且這個特質跟你一樣的時候，你會覺得這個人跟你很像。你有什麼喜歡的東西嗎？越冷門的東西越好。

——嗯，最近已經沒那麼冷門了耶！我喜歡玩將棋。有陣子我還把羽生善治先生的棋譜從頭到尾擺了一遍，非常沉迷。

川上 那假設有一個染金髮的人，非常喜歡將棋，而且也把羽生先生的棋譜全部擺過一遍。就算他頭髮顏色不同，你也會覺得這個人跟自己很像吧！

——啊，原來如此。因為有特殊的共通點，所以容易覺得相像。

川上 沒錯。鈴木先生和角川董事長依照一般的看法，他們跟我的境遇和所處的世界完全不同，照理說不可能跟我相像。然而，鈴木先生、角川先生和我都覺得彼此相像。其原因大概就是因為稀有的共通點。

——稀有的共通點是什麼呢？您提到的兩個人和您本身都很特別。共通點是不是都很孤獨呢？

川上 不是的，孤獨不是特徵而是狀況。我們可以從結果觀察是否孤獨，所以並非稀有特徵。

——用剛剛您舉例的興趣來說，如果自己的興趣越冷門，遇到同道中人就越開心。果然少數是寂寞的啊！如果從這一點來思考，會比較容易理解。

川上 嗯……這不能歸類為情緒上的問題……要認真剖析這種想法的構造，可能會太露骨。不過，我還是直說好了。我覺得最大的問題是自尊心。

——喔？

川上 我可以舉一個例子。2channel開張時，我曾經把西村博之介紹給大家。當時，有很多人都說：「博之跟我好像啊！」

——咦？

川上 在我自己看來明明一點也不像，但是很多人卻都說「他跟我年輕的時候很像。」我如果隨便在路上撿一個年輕人介紹給他們，他們是絕對不會這樣說的。因為這個人是博之，所以才會覺得像自己。追根究柢，還是因為博之設立了2channel，在社會上被認同。以社會成就為前提，人們才會開始尋找跟自己相像的地方啊！（笑）

——啊，原來如此……。

川上 有某種程度社會地位的人，就算出現類似特質的一般人，也不會認為對方跟自己很像。

現在回到我自己身上，我應該已經符合尋找相像成分的前提，所以被認同的機率也比較高。如果我在二十幾歲的時候遇見鈴木先生和角川先生，是不是還會關係這麼好？我還真不知道。我覺得可能會變成朋友，但一定不會像現在這麼好。

——真的很露骨耶。（笑）

川上 從理論上來看一定是這樣的啊！（笑）人不太容易有大轉變，我想我的工作方式、價值觀，在一般社會中是很奇怪的。不過，在網路上卻有一大堆這種類型的人。

——啊，好像是這樣耶。包括那些不成功的人在內，其實滿多的。

川上 沒錯。像我這樣的人，幾乎都不會成功啦！（笑）在現代社會中，我是屬於不會成功的類型。

——而且在網路上到處都是這種類型的人。

川上 就是說啊！我只是因為運氣好，公司也順利壯大，在成功人士當中算是非常稀有的類型。所以才會有很多人，覺得跟我很像。

用狡辯來鍛鍊建構理論的能力

——雖然您這樣說，但我還是認為鈴木先生、角川先生和您實際上確實有相像之處。三位都會很深刻地思考事物，這不也是稀有的要素之一嗎？

川上 是這樣沒錯，但如果你光看深刻思考這件事，還有很多人都做得到啊！所以重點應該放在以稀有性高為前提，而且還有其他相似的要素才對吧？我想這應該要用數理模式來思考。

——喔！數理模式？（笑）

川上 人類判斷是否相像的模式，由什麼機制運作？從這裡開始思考，我想會比較容易解釋。人們會說「合不合得來」之類的話來表達。這種判斷相像的模式到底是什麼呢？

譬如我明明是不會成功的類型，卻貌似成功了，因此成為稀有的人類。對見多識廣的成功人士而言很新鮮，所以他們才會在我身上找尋共通點。

——我覺得超級聰明的人有兩種類型，一種是理論型，另一種是直覺型。我覺得您是理論型的人，您自己覺得如何呢？

川上 不，應該是相反才對，我是很依賴直覺的人。我的邏輯思考，都是後面才加上來的歪理。

——啊！用理論來解釋直覺嗎？

川上 沒錯。這已經變成我的習慣了。這種方式可能也會影響直覺本身。不過，我認為理論型的人，應該都很依賴直覺才對。事後用理論來解釋直覺的人，就是理論型的人啊！說白一點，就是狡辯啦！（笑）努力試圖狡辯，慢慢地就會發展成理論。

——如果沒有直覺，理論就無法發展的意思嗎？

川上 如果只用理論思考，那就不需要複雜的理論了。「因為A所以B，因為B所以C」頂多只能發展到三段論述。

然而，當你認為直覺是正確的時候，就非常需要建構理論的能力。經院哲學※2就是這樣啊！

——經院哲學？

川上 理論學之所以開始發展，就是因為歐洲的經院哲學。因為他們以「神是存在的」為前提在思考理論。

——原來如此，那還真是辛苦耶！

川上 理論本身其實很單純。然而，因為有這種無厘頭的前提，嘗試狡辯的同時，理論就越來越複雜了。

——所以不是直覺或理論的問題。

川上 人類的大腦，都以類型認知在運作，基本上非常依賴直覺。想用理論來說明，反而因為不自然更顯得困難。

人類用理論思考的行為，就是把已經認知的印象，用理論重新建構而已。人類所建構的理論，很難超越直覺。（笑）

——原來如此。人類的腦宛如硬體架構，直覺為基礎，理論只是附屬。所以直覺的精度較高，真是有趣。

※2 經院哲學：中世紀歐洲的教會和修道院的學校等機構所發展的學問。

川上　沒錯。我覺得這樣的認知才是對的。人類的大腦裡面，其實根本沒有理論機制。

——所以直覺更可能找到正確解答。這樣看來，理論可能只是為了分享而存在的工具而已。

文科人把理論當作手段，理科人用理論探求真理

網路上也常常談論文科人與理科人的二元對立。有人主張分成兩類毫無意義，但川上先生卻指出兩種類型完全不同。不同之處在於雙方「如何使用理論」。

（2014年10月8日刊載於cakes網路平台）

用理論說服別人？還是用理論追求真理？

川上　我最近常常在思考文科人和理科人之間的差別。有很多個讓我思考這個問題的契機，其中之一是我看了東浩紀先生和齊藤環先生在niconico直播上面的對談。

東先生是個很講究理論的人，他是日本評論界的泰斗；齊藤環先生也是非常注重邏輯思考的人，兩位都是我很敬重的前輩。

然而，這兩個人的談話一直都沒有對上線，我覺得他們似乎拒絕彼此討論。這也引發我思考，究竟為什麼會這樣呢？

——為什麼呢？

川上 我最近認為是因為文科和理科不同的關係。文科的評論家把語言當作工具，把理論當作手段。而理科的研究者，則對理論上正確的事有興趣。

——也就是說，理科人用理論追求世界上的一般法則或真理囉！

川上 是的。但是，東先生是文科人，所以他已經先有自己的結論，為了影響社會，把理論當作手段運用。如此一來，兩個人當然牛頭不對馬尾。我想這應該是能廣泛解釋這種現象的說法。

——真有趣。那麼，是否依照理論跟文科人、理科人沒什麼關係囉？

川上 是的。如何使用理論才是問題所在。用理論說服別人，還是想知道真理這是完全不同的概念。譬如報社的態度就完全是文科人的想法。

——啊，原來如此。

川上 先有結論再來架構理論，就算理論有錯也不承認、甚至出手微調理論，用盡各種方法都要走到既定的結論，就像是在詭辯一樣。

文化圈流傳的金句：「從前語言強而有力，如今語言已失去力量。」我從以前就覺得這句話莫名其妙。

——您是在思考語言的力量是什麼嗎？

川上 我覺得這可以用同樣的道理來思考。簡而言之，文科人扮演煽動者的角色。剛才那句話，只是比較詩意的表現。這翻成白話文就是：「最近怎麼煽動都沒有用了。」（笑）這才不是語言失去力量，而是大眾的正常反應。應該要解釋成大家開始認真思考才對吧！

——所以，這表示文科人可能為了自己預先設下的結論而扭曲理論對吧！這樣一來，大家就必須非常小心文科人所說的話。

川上 嗯……畢竟我是理科人，心裡當然支持理科的態度。但是，也不能因為這樣就斷言文科的態度是錯的、理科是對的。

在現實社會中，說不定理科的態度才是錯誤的。畢竟在完全不抱持先入為主的觀念、不預設立場的客觀狀態下，是否還能提出議題來討論又是另一個問題。

——說得也是。討論必須要有一個議題才行。

川上　理科的學問當中，必須嚴格定義討論的前提，才能在前提上建構細緻的理論。

然而，跟現實社會相連結的學問，往往本身定義就含糊不清，討論的基礎十分曖昧。在沒有結論的情形下建構理論很容易出錯，我認為非常危險。

——的確如此。理科的理論建構在穩固的基礎上，在結合許多條件的狀況下徹底思考理論。物理學就是其中的經典類型。然而，有關人類生活或意志的部分，就很難用理科模式來思考。

川上　沒錯。譬如說網路上有人只用「合不合法」來判斷是非對錯。

——啊，這種人的確很多。

川上　他們認為「惡法亦法」盲目地認為法律所導向的結論就是對的，但這種想法最後往往走向危險的結論。

——對人類來說可能不是幸福的結論。

川上　沒錯。在現實社會裡，像文科那樣有目的地開始討論，說不定比較好。如果只思考理論，那就連納粹主義提倡的優生學都會是正確的。

因為可以獲得好的作物，所以只留下優秀的基因，這在穀物的品種改良上非常普遍。

但這適用在人類身上嗎？只用理論來說明，最後人類可能會變得不幸。像這樣的可能性也必須一併考慮才行。

——所以說，先準備好自認為正確的結論，以文科的學問領域來說，說不定是好的。先有結論再建構理論其實並不壞，對嗎？

川上　我認為文科和理科處理理論的方法，會在進化後各自找到最完美的形式。

——原來如此。要等到進化後啊！（笑）

MBA是一種意識形態

川上 我們來聊聊理論是什麼時候開始發展的吧！

——好啊！

川上 之前我們提過經院哲學以「神是存在的」為前提來解釋世界，使得理論學蓬勃發展。這種現象在理科的學問裡也曾出現，最有名的就是天動說。以地球不動為前提描述天體運作，需要非常複雜的理論，但若改成地球自轉，就可以用非常簡單的法則來描述。

——是的。

川上 也就是說，越接近真理的理論越簡樸。但是，相對而言，為了符合現實世界而增加許多理論，讓理論變得複雜，就算前提有誤也能說出一番道理。畢竟天動說也解釋了很多天體的運作。

——勉強說明天體運作對吧！

川上 沒錯。而且只有少數例外是錯的。這表示就算前提有錯，增加說明的量也能掩蓋錯誤。這就像傅立葉分析※3數學上不管多奇怪的函數，只要收集夠多的量，全世界的函數其實都很相似。

——雖然數學式會變得又臭又長，但還是可以解得出來。

川上 世界上有很多近似的記述方法。如果我們有大量的算式，幾乎所有現象都可以用近似的方法記述。同樣的道理，如果我們有大量的理論，就可以說明世界上所有的現象。

這是什麼意思呢？為了模擬世界而聚集的大量理論，具有很強大的力量。要戳破這些理論，反而變得很困難。就算這個世界已經被扭曲，只要記述正確就不會有問題。這種構造，其實就是一種意識形態。

——喔！原來如此。

川上 我認為意識形態的本質就是知識體系。在某個價值觀中，模擬世界運轉。所以才會很難讓意識形態瓦解。

——知識體系嗎？

川上 我舉一個例子。你知道ＭＢＡ（工商管理碩士）吧！ＭＢＡ在日本感覺比一般研究所畢業的碩士來得高級，好像很帥氣。（笑）但是在國外的學術世界中，ＭＢＡ只是「等同」碩士學歷，認為ＭＢＡ跟真正的碩士不同。也就是他們追求的並不是學問，只是會學到在社會中有幫助的技能，注重實務的能力，而並不從事研究。

——所以被認為跟純粹的學問不同。

川上 ＭＢＡ的本質是什麼呢？在國外拿到ＭＢＡ的人說，ＭＢＡ就是教你如何說明，在資本主義的價值觀中，世界上的商業模式應該如此運作的知識體系。世界上有很多人認為這種價值觀是錯誤的，所以他們會教你，當你碰到反對的人時要怎麼樣去解釋。這種教育的集大成者，就是ＭＢＡ。如此想來，ＭＢＡ其實也是一種意識形態吧！

※3　傅立葉分析：由法國的數學家傅立葉提出，利用三角函數展開週期函數，包含「傅立葉級數展開」等數學分析方法。把傅立葉級數擴張到非週期函數的結果稱之為傅立葉函數。傅立葉變換可以把複雜的函數分解成周頻率，使記述變得更為簡便。因此廣泛運用於聲音、光線、振動與電腦圖學等領域。

——的確，因為是累積經驗值而成的，所以跟理科討論的議題完全不同啊！

川上 你不覺得跟神學很像嗎？在ＭＢＡ的例子裡，資本主義的價值觀就跟神一樣啊！

——照您這樣說，的確是一模一樣耶！不過，這對社會有幫助的層面也不少。宗教也是如此啊！

川上 對啊！是一樣的。教外人士常會問加入狂熱派宗教的人，為何不離開這種邪教？但是，這些宗教都會教導如何反駁問題。我並不是要批判這些宗教，我想說的是，無論對錯只要有充足的理論，就可以說明世界上所有事情，而且這是一股非常強大的力量。

——有些意識形態令眾人為之傾倒，但也有情況完全相反的。譬如說，從前很多人信仰共產主義，所以採取各種行動支持。意識形態能否吸引很多人，是取決於什麼要素呢？

川上 我覺得其中之一，應該是知識集大成的完整度是否夠高。完整度越高就越能抵擋科學和理論的攻擊。再者，能說服多少人，我想是市場性的問題。（笑）

——的確。（笑）宗教也是如此，初期正在擴展的時候，市場裡面有沒有適合的對象很重要啊！

川上 理論武裝是非常文科的詞彙。把語言當作工具、手段的人才會用這個詞，而意識形態，就是擁有理論武裝的知識體系。

——嗯……如果相信意識形態，說不定比較容易得到幸福。我們應該如何與意識形態共存呢？

川上 呃……我不知道耶！

——咦？我們都談到這裡了，當然就會想知道接下來該怎麼辦……。

川上 因為我是理科人，只要了解原來是這樣的構造，好奇心就消失了。我不會抱著任何價值基準去評斷好壞。我沒興趣啊！可以分析出構造的話，就此結束。這種想法非常符合理科人對吧！（笑）

——話題完美地拉回理科和文科的不同耶！（笑）

不幸的人才會有夢想

為了遠大的夢想而活，很多人都認為是一件很美好的事，但川上先生卻露骨地定義，有夢想的人都是不幸的人。多數人懷抱著夢想和金錢欲望，川上先生又是如何看待呢？

（2014年4月30日刊載於cakes網路平台）

夢想的真面目是「長期無法實現的欲望」

川上 這兩個禮拜我跟員工在討論，到底什麼是夢想。

——夢想？

川上 我基本上超級反對「懷抱夢想生活」這種言論。不過，有太多人說這種話了，所以我想必須好好重新思考，定義什麼是夢想。

——喔!所以您怎麼定義夢想呢?

川上 夢想就是:「無法輕易實現,但又一直想實現的願望。」這就是人們主張「要懷抱夢想」的時候,所指涉的「夢想」定義。

——呃,是這樣嗎?

川上 只要滿足這兩個條件即可,跟夢想的大小沒有關係。譬如說,想吃飽也可能是夢想。像正在減重的拳擊手,雖然想吃飯吃到飽,但卻無法實現。這就是夢想了。

——可是比賽結束後就可以吃到飽,這樣也算夢想嗎?

川上 這是主張「短時間內可以實現的願望不能算是夢想」的看法。的確,比賽結束後,或許可以比賽前多吃一點。但是,能不能在一個月內吃盡所有想吃的東西呢?我想只要他還是拳擊手,就沒辦法實現這個願望,因為會發胖啊!賽馬的騎士可能也是這樣。

——的確,要是吃太多就沒工作了。

川上 沒錯。所以一直到引退之前,都會有「好想吃飽」的願望。這個願望就是夢想。也就是說,撇除夢想是不是一定要遠大崇高,夢想的真面目只是「長時間無法實現的欲望」而已。

——原來如此。

川上 沒有這種持續性的強烈渴求，過著滿足生活的人，如果硬要生出一個夢想，會發生什麼事呢？他會擴大解釋自己細微的情緒，然後將情緒扭曲成自己的夢想。

——啊，的確有這種人耶！

川上 滿足於當下的生活、沒有任何需要實現的願望，這種人是不會有夢想的。所以，當你有夢想的時候，就表示你是個不幸的人。有夢想貌似非常偉大，但夢想的本質只是一直懷抱著無法實現的願望而已。

——以前在活動中跟您討論過，您自己真正想做的事為何？您思索之後的結論是「想多睡一點」對吧！（笑）

川上 尚未被滿足的人類本能，就是強烈的夢想啊！因為很疲倦所以想多睡一點，這是人類的本能。「想交女朋友」也是啊！這是順從人類的生殖本能。

——話題好像離「夢想」越來越遠了耶！（笑）

經營色情網站的年輕人，他們的夢想是？

川上 說到夢想，我想起跟經營色情網站的年輕人對談過。我跟好幾位從事同樣工作的人聊天，他們都有一個共同點。每個人都告訴我：「其實我想做社會福利相關的工作。」

——什麼！真的嗎？

川上 真的啊！他們都說，社福工作是他們的夢想，而且幾乎每個人都這麼說。我一直覺得，他們應該認為自己經營色情網站很丟臉，所以才想用崇高的理想來混淆視聽。但是，從夢想的定義來看，他們一定真心想從事社福工作。

——是這樣嗎？

川上 這表示他們一直想從事經營色情網站以外的工作，也就是社福相關的工作。如果從夢想的定義是持續性的願望來看，就非常能理解了。

——原來如此啊！您在參與其他訪談時，應該會被問到「您的夢想是什麼？」您都怎麼回答呢？

川上　嗯，就回答「想多睡一點」、「想悠哉悠哉地過活」、「想看書打電動」之類的吧！我還沒實現的願望，大概就這樣而已。（笑）可能一瞬間會有想做什麼事的衝動，但其實沒有持續性的不滿足。我很滿意現在的生活啊！

——姑且不說夢想，應該有短時間內想做的事吧？譬如說，讓多玩國的事業朝某個方向前進之類的。

川上　有時候會突然想到。但是，夢想取決於是否經常、甚至每天都感覺到這個願望。我每天早上都不想起床、想多睡一點，天天都感受到非常強烈的渴求。「想睡覺」跟「想成功」這兩個欲望相比，「想成功」贏不了「想睡覺」。

——贏不了啊？（笑）

川上　但我覺得這才是人類本來的面貌。

——這有可能是您比較特殊……。

川上　才不是，大家都一樣啊！我一點也不特別。

——可是，很少人會像您一樣把想睡覺這種話放在檯面上說。一般而言，比起「想多睡一點」應該是「努力工作」這種願望感覺比較偉大。這是因為被倫理道德或面子問題束縛才造成的嗎？

川上 嗯……我只能說大家都被騙了。為了配合社會的價值觀，大家都在自己騙自己。譬如說「金錢一點也不重要」聽起來很偽善，其實明明就很愛錢。但是人生路途中，有時會覺得金錢很重要，有時也可能覺得金錢不重要，我認為不管是哪一種都沒有錯。

人類不會覺得金錢重要

——您現在會想要變有錢嗎？

川上 不會啊！

——有曾經想過嗎？

川上 以前很想變有錢啊！因為我想要買喜歡的漫畫、新型電腦之類的東西。

——也是啦！阿宅會有很多想要的東西。

川上 一定會想買的啊！但我不會想去買昂貴的東西。譬如說花一百萬去買碳元素的特殊結晶，不是有很多這種人嗎？

——呃……您是說鑽石嗎？（笑）

川上 這是其中一個稱呼啦！（笑）我完全不會想去買昂貴的石頭或精品。我覺得比起這些東西，任天堂3DS更有價值。在這麼小的盒子裡，匯集了複雜的人類智慧結晶，而且兩萬日幣就買得到，不是很令人吃驚嗎？

——我想女性朋友應該不會支持這個論點，不過因為我也是阿宅，所以我懂。（笑）只是，這難道不是因為您已經累積某種程度的財富，所以才對這些高價品沒興趣嗎？

川上 不是的，沒這回事。我從小就習慣去計算自己想要多少錢。我出社會之後，又重新計算過一次。

——那麼您計算的結果是？

川上 大概是五十萬日幣。如果有這麼多錢的話，就能滿足我所有的願望了。

——每個月五十萬嗎？

川上 對。譬如說房租，我覺得一個月七、八萬日幣左右的套房剛剛好，如果再大一點的房子打掃起來會很辛苦，所以這樣就夠了。再來就是電費、瓦斯費、餐費也要算進去。說到餐費，我很討厭在餐廳吃飯。

——咦？為什麼呢？

川上　要花很多時間啊！吃個飯要花兩個小時，很浪費時間耶！如果自己隨便吃只要花五分鐘。

——五分鐘……。（笑）

川上　偶爾和朋友去吃飯也是滿不錯的，但是每天去又很煩。那多久去一次比較恰當呢？假設一週一次好了。偶爾想去旅行，但一年頂多一、二次。再來就是新出的遊戲、書籍、電腦，這些全部加起來，算得寬鬆一點大概每個月五十萬。

——原來如此。

川上　實際上，現在已經五十萬不夠了。因為我現在已經放棄計算開銷，結果常常會突然增加支出。不過，我如果有認真管理錢包，每個月五十萬就可以滿足我的人生了。前面提過我曾經很想變有錢，但是與其說我想要錢，不如說我很想要擁有電腦、遊戲軟體、書籍和漫畫。

——啊，是這樣啊！

川上　為了得到這些東西，才會想變有錢，並不是單純地有錢就好。

——這樣啊！說得也是耶！

川上　我想不會有人單純只想要錢吧！你看大家都在亂花錢，很少有人不亂花的吧！這就表示大家覺得金錢不重要，並且用行動呈現出來。

——但是，人往往在這股漩渦中，不知不覺被金錢牽著鼻子走，才會發生沒有固定收入很可怕所以不敢辭職等現象。

川上　被金錢牽著鼻子走已經是很嚴重的情形了。譬如說被討債之類的。但是，很少有人平常就打從心裡認為「金錢至上」吧！畢竟，錢又不能當飯吃。喜歡存錢的人，看著存摺裡的數字增加會感到快樂，這是一種特異功能啊！（笑）我認為人類在自然的情況下，並不會覺得金錢有多重要。

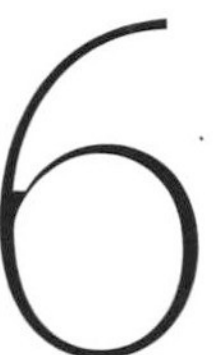

把眼光放到一億年之後

在成為老闆以前，我以為我是全世界脾氣最好的人

川上先生在訪談中說，自己成為老闆之後脾氣變差了。這究竟是怎麼回事？川上先生一直認為自己是好人，但成為老闆之後面臨的現實狀況為何？在訪談中，我們意外地發現血型與經營能力之間的關係。

（2014年5月7日刊載於 cakes 網路平台）

不認同自己就無立足之地的阿宅

川上　我們之前談到，人類在自然生活中，不會覺得金錢很重要。然而，如果你是老闆，就完全相反了。老闆是一種必須注意所有金錢細節的職業。如果做不到，就

無法生存下去。

——的確如此。

川上 所以我很討厭當老闆啊！

——您在很多訪談裡都提到自己創業後，脾氣變差了。這是指過度注意金錢，導致脾氣變差的意思嗎？

川上 這個……脾氣變差啊！要說明這個現象，必須了解阿宅的思考才行。我稍微說明一下好了。

——麻煩您。

川上 阿宅的特徵就是認為自己是對的。比如右翼網軍之類的會在網路上跟人爭吵的人，大多都是這樣。不管是否真的正確，在行動上必須相信自己是對的，這就是阿宅。

——這我了解。

川上 為什麼會這樣呢？因為阿宅的溝通能力差，所以在社會上沒有立足之地，只能自己褒獎自己。因為別人不認同，自己必須認同自己才行。

——啊……。

川上　在網路上常有「過了三十歲還是處男的話，就會變成魔法使喔！」之類的說法。自己只要有二次元的老婆就心滿意足了、反正我對三次元的女生一點興趣也沒有，只要持續自我催眠，就會變成不需要他人認同的「魔法使」。阿宅認為支配自己的行為原理，只需要自我認同就夠了。

——原來如此。

川上　從2channel的討論主題也可以看出，阿宅都會激烈抨擊外遇。阿宅總是想著：「如果我是男朋友絕對不會外遇，一定會好好珍惜女朋友。」為什麼阿宅會這樣想呢？因為阿宅沒有女朋友啊！

——好淒涼。（笑）

川上　阿宅一心認為自己如果交女朋友一定會好好珍惜，相信自己是這樣的人，藉此拉抬自尊心。但是，說穿了只是從來沒嘗試過的虛幻正義而已。

——就是自我感覺良好。

川上　沒錯。如果自己很受歡迎，是不是還能當個誠實的男朋友呢？因為從來沒有

遇過這種情形，所以才能一廂情願地陷入幻想。如果現實生活中，阿宅突然大受歡迎，一定會玩得很兇啊！（笑）

——這種例子很常見啊！

川上 我們再回到成為老闆之後脾氣變差的話題上吧！因為我是阿宅，所以我也有自我感覺良好不需要別人認同的傾向。只不過，我的情形不是「交了女朋友會好好珍惜」這種類型，而是一直認為「自己脾氣很好」。我一直覺得自己是個好人。

——脾氣好？我覺得您應該有更多厲害的特質，但您認為脾氣好是自己的人格特質嗎？

川上 是的。這點跟阿宅一樣，因為我之前是上班族，所以沒有被挑戰過，一直堅信「自己是全世界脾氣最好的人」。但是，成為老闆之後會發生什麼事呢？這些我曾經堅信的理念都會面臨挑戰。老闆必須嚴厲地告誡員工、必須處罰不好好工作的人，因為如果不這麼做公司就會倒閉。持續循環的結果，就是我長久以來的自我認同，自以為「我是好人」的信念逐漸崩毀。

——很難過吧！

川上　會覺得自己是個討人厭的傢伙。

AB型的人不能當老闆？

——那是以前沒注意到自己其實很討人厭嗎？還是後來才變成這樣呢？是哪一種啊？

川上　人類只有在想像中才會是好人。一旦回到現實，就不可能會是好人了。

——咦？也就是說，如果心中所想沒有呈現於外表，讓人看不出來就等於沒有囉！

川上　沒錯。當老闆之後，很多時候必須展現討人厭的一面，無論是旁人還是自己看來，都會變成「脾氣很差的人」。

——原來如此。所以當老闆真的很衰耶！

川上　壞人要肯定自己很困難，無法輕易做到。那樣的人生非常不幸。所以，能一直認為自己是好人、或者完全不在意這種事的人才適合當老闆。

──沒錯、沒錯。

川上 所以啊！除了O型以外的人都不適合當老闆。

──咦？怎麼突然談起血型了？（笑）

川上 我覺得很多老闆都是O型人。戰後的日本首相也大都是O型人。像老闆和政治家這種需要領導能力的工作，比較適合O型人。

──您是什麼血型呢？

川上 我是AB型。

──啊，我也是AB型。

川上 哇！AB型的人千萬不能創業啊！因為個性太纖細，不適合創業。

──我已經創業了耶……。（笑）

川上 我知道的AB型創業者有開發遊戲軟體《SEAMAN》的齊藤由多加先生和製作《PaRappa The Rapper》七音社的松浦雅也先生，兩位都是很厲害的創作人。但是，其實他們也都不適合當老闆！（笑）

──那怎麼辦？（笑）哎呀!!人家都說血型毫無科學根據，您這麼重視理論的人會說這些話，我真的很驚訝。

川上　我很相信血型論耶！（笑）血型跟個性真的很有關連。話說回來，姑且不論血型問題，我認為老闆需要具備一些特殊資質，譬如說大家會把他當作領導人仰慕、被要求做決定時會感到愉悅等。

——啊，這我懂。

川上　別人依賴你，找你商量事情的時候，你會覺得「好開心！」還是會覺得「呃，那個，等一下！」感到慌張？這就是兩條完全不同的道路了。

——「等一下！」（笑）描述得好生動喔！

川上　第一個分歧點是會不會覺得開心。再來就是能不能馬上回答「交給我！」這很難抉擇。重視理論的人，大概無法馬上說「交給我！」。畢竟，考量現實層面，就知道這個問題沒辦法輕易解決。但是，也有人可以馬上回答：「總之，交給我就對了！」應該說，他們會很想這樣講吧！（笑）

——這種人就是覺得回應別人的期待是一件開心的事。

川上　沒錯。自己覺得開心，聽到回覆的人也開心，這樣就能建立雙方的關係。不

過，能不能承受這一來一往的試煉，還是取決於個性。而我認為血型跟個性有重大關連。（笑）

——您雖然說「無法承受」，但截至今日公司都營運得很好啊！這豈不是很矛盾……。

川上 不，我是屬於無法承受的類型。我已經公開發表過了，所以不用擔心。（笑）對我來說，員工就是沉重的負擔。

——沉重的負擔啊！（笑）

正義和使命感不能成為經營的主軸

代表公司說出「我們要對社會有所貢獻」這種話，川上先生認為是欺騙社會大眾的行為。雖然川上先生一再強調，他不想說一些豪言壯語，但提出 niconico 營運目標的「niconico 宣言」卻寫著規模龐大的命題——期望發展系統的同時也努力追求人性。究竟，川上先生發表這則宣言的真正意圖為何？

（2014年5月14日刊載於cakes網路平台）

重要的事總是掛在嘴上說，人就會變得廉價

——我前幾天看到您在電視採訪節目裡說：「我在公司都刻意不說好聽的話。」

這是為什麼呢？

川上 因為員工會誤解啊！我覺得對公司沒有幫助。

——讓員工覺得「自己做的事，都是為了整個社會」沒有加分效果嗎？

川上 這如果變成目的就糟了。畢竟，這種公司根本不存在啊！我非常厭惡欺瞞和說謊。不是因為什麼正義感，只是理論上很奇怪。

——理論上啊！（笑）

川上 說一些理論上不合邏輯的話，如果被戳破，就得花心思去補這個破洞，非常麻煩啊！

——所以您只會誠實地經營公司。

川上 沒錯。我希望能誠實地經營公司。我的確想為社會盡一份心力，但是如果把這個當作第一要務，公司早就倒了吧！

公司的第一要務就是生存下去，這才是公司經營的基準。把毫不相關的正義和使命感當作經營主軸，對公司有害無利。

——原來如此，您說得沒錯。

川上 把生存擺在第一順位，又能滿足社會理念我覺得很好。然而，光是生存下去就已經很不容易了。（笑）

——對啊！真的很辛苦。我自己創業之後，深深有感啊！

川上 所以我根本沒有說悠哉話的餘地啊！對社會有貢獻，或許可以當成外加的選項，僅此而已。如果把這個外加選項拿來當招牌，當公司必須做一些對社會沒貢獻的事情時，就無法對外說明。結果，就等於是在欺騙社會大眾。所以，我才會刻意不說好聽的話。

——原來如此。

川上 想對社會有貢獻的想法，偷偷藏在心裡就好。就算自己無論如何都想對社會有貢獻，也最好把這些想法藏在心裡。一旦找到能夠執行的機會，就算推翻平常做的事也無所謂，只管放手去嘗試。假設你覺得「為了這個人我不惜一死，如果有什麼意外，我也會賭上性命保護他！」這種想法平常有沒有掛在嘴上說，會產生不同的效果。

——如果到處說的話，感覺就不太對了。

川上 這種事情本來就不該輕易說出口，而且真的有什麼意外，依照當時的狀況也不一定能保護那個人啊！（笑）如果沒能保護好，剛剛那些話就變成謊言了。

——那個，我想問個怪問題。如果女生問您：「你會一直愛我嗎？」您會怎麼回答呢？依照您剛剛的邏輯，不就只能說：「呃，我不知道能不能『一直』愛妳耶！」

川上 啊……這個問題只能用不同手段來區隔了。為了避開麻煩採取防禦行動，也就是不回答；或者在事情變得更複雜的時候，只好勉強回答。（笑）這就跟咒語一樣啊！

——原來如此，目的各有不同啊！（笑）應該也有一些老闆把社會貢獻當作咒語吧！

川上 啊！把社會貢獻當作咒語的人很多耶！但是，光是念咒語沒有實際行動，我覺得反而會變得廉價，有害無益啊！老是說一些做不到的事情，人會變得很廉價喔！就是這樣。

——員工越多，就越難齊心朝向公司的目標。所以我覺得需要一直宣導大家都覺得不錯的願景，您認為如何呢？

川上　公司有願景很好啊！只是這個願景，有沒有符合公司的目標呢？如果「社會貢獻」的目標太過強大，公司的利益就會被排擠。假設公司的願景是「製作一個前所未見的影片系統」，這與公司的利益一致，提出這種願景就沒關係。

為了製造在場證明而寫下 niconico 宣言

——原來如此，還是要看內容來判斷啊！說到願景，我想要請教您有關於 niconico 宣言※[1]的事情……。我覺得這份宣言裡的命題都非常龐大。內容基本上是您撰寫的對吧？

川上　是的，是我寫的。

niconico 宣言（9）
～致所有想使用 niconico 的使用者～

2010年6月1日 niconico 普及委員會

第一宣言　niconico的目標是成為有人類情感的群體智慧，而非單純收集知識
第二宣言　niconico的目標是提供能評論任何事的服務
第三宣言　niconico的目標是在網路上建構以人為主的虛擬世界
第四宣言　niconico提供能與使用者互相交流作品的網路服務
第五宣言　niconico將不停追求網路上數位內容與著作權的可能性
第六宣言　niconico將守護能讓所有創作者自由發表作品的空間
第七宣言　niconico將連結虛擬世界與現實世界

——我從宣言裡看到，在全球化、電腦化的洪流中，niconico決心對抗人與人之間的疏離。這是一個很大的命題吧！您之前說，想做的事情是「多睡一點」，應該只是您不好意思說出真正的想法，所以想藉此轉移大家的注意力吧！我很好奇這份

※1　niconico宣言：2010年6月niconico動畫所公布的目標。解說與全文刊載於Niwango網站上（http://ex.nicovideo.jp/base/declaration）以及本書卷末。

崇高的宣言和「想多睡一點」這兩件事，如何在您心中同時成立？

川上　這兩件事當然可以同時存在啊！而且，「想多睡一點」優先。雖然我這樣說，但是經營公司還是需要更大的目標。所以，我在心裡尋找我認為最大的問題是什麼，而不是我想做什麼。

——喔！

川上　我把個人認為網路上最大的問題寫成文字，這些文字就成了niconico宣言。這裡面所提示的都是非常根本的問題。也就是說，解決這些問題需要很多時間。因此，可以設定為長期目標。這件事跟之前提過的夢想也有共通之處。

——「長時間無法實現的渴求就是夢想」對吧！需要花時間解決的目標，也可以稱為夢想。

川上　沒錯。這並非基於道義而抱持的夢想，而是合理的夢想，所以沒關係。如果有人問，多玩國如何定義公司的目標，我想這份宣言可以成為目前的解答。我認為，以這份宣言的內容而言，足以回答這個問題。因為宣言裡提出的想法，目前還沒有人用文字敘述過。

——的確如此。

川上 宣言裡充滿現代人面臨的種種根源性的問題。剛剛也說過，其實這種話最好藏在心底，但我為了製造「在場證明」所以才寫下這則宣言。

——在場證明？

川上 因為我很想告訴大家，我是因為這些目的、這些想法才會有現在的行動啊！

——哈哈哈。（笑）

川上 但是自己到處說：「我當初就想到了喔！」感覺很糗。而且，還沒成功之前到處講，也沒有人會聽。矛盾的是，如果你等到成功之後再說，又有別的問題……。

——就會變成馬後炮吧！（笑）

川上 就是說啊！（笑）所以我先留下證據，把現在想到的事情寫下來。這樣成功的時候，我就能證明「我早就想到了！」（笑）我常常做這種事耶！

科技越發達，人就越無處可去

——我最近才發現有 niconico 宣言，讀完之後非常驚訝，心想：「原來，川上先生思考這麼多事情啊！」

川上 我寫得很好吧！

——對啊！太厲害了。

川上 而且，宣言的內容從 niconico 開始之後，就沒有動搖過。第一個版本是在2007年寫的，剛開始只寫到第四宣言，每年重新審視一次，一直增加到第七宣言。這些宣言其實是當初設立 niconico 的時候，我們曾經討論過的議題總整理。在服務開始前，我跟博之他們討論的內容，就是 niconico 宣言的基礎。

——您很久以前就已經意識到這些問題了耶。在訪談中我發現您本來就很喜歡電腦對吧？

川上 是的。

——因為喜歡所以才會專精於電腦科技。我在想您是不是曾經認為全球化伴隨著電腦和網路發展，以後人類一定會變得不幸。

川上 與其說曾經想過，不如說我一直都這麼想。我對未來有一種反烏托邦的情結，這應該是喜歡科幻小說的少年所共同擁有的思想。（笑）畢竟我從小就喜歡看科幻小說。

——所以這是肇因於科幻小說的心理疾病？

川上 我想這不是疾病，應該是理性的結論。科技和電腦持續進化下去，人類最終會失去立足之地。不管從什麼角度想都會發生，是不需質疑的事實。但是我自己卻非常喜歡科技，沒辦法不使用它。

——這跟宮崎駿先生喜歡武器和飛機，但卻徹底反對戰爭很相似。我在想，難道不能解決這種矛盾嗎？

川上 嗯……我只是用語言指出有這些問題。基本上，這些問題根本不可能解決。

——什麼？不能解決嗎？

川上 因為人類一定會滅亡啊！（笑）只是，不知道人類如何滅亡而已。

——滅亡是指人類種族滅絕嗎？

川上　是指歷史的決定權從人類轉移到系統上。現在的社會系統已經宛如生命體一樣，可以自律進化。這種進化已經不是人類個體能夠阻止的了。

——啊！所以不是指電腦系統，而是指整個社會體系。

川上　如果單從電腦的角度來看很容易誤判。問題出在於社會體系上，人類成為社會性生物時，社會本身就開始自律進化，社會本身就變得跟生命體一樣了。然後，人類就變得只是構成社會的其中一個零件。這種構造只要社會越發達，就會越明顯。

——雖然有這種情況，但在情感領域裡，還是有人類的立足之地。這是否就是niconico宣言想要闡述的重點呢？

川上　這樣說比較好聽，但其實有點出入。嗯……我很不喜歡浪費，但我覺得浪費才能展露人類的本質。

——浪費是人類的本質？

川上　當眾人普遍接受一件事的合理性時，該體系就會變得正確，個人的任性也就只好被壓抑，久了就會覺得這也沒什麼大不了。理論這種東西，你越是追究，就越搞不清楚誰是誰。假設有兩個聰明人，兩人都追根究柢探討理論，最後只會得到一樣的結論。不管是誰來思考，都會走向相同的終點。也就是說，只有非理論的部分才能展露出每個人的個性。

——喔……是這樣啊！

川上 我不想用「情感很重要」這種說故事的方法來解釋，但我們在思考「自己是誰」的時候，我想只有非理論的部分才能展露出個人的特質。

社會體系與人性的對立將會成為歷史的主軸

川上先生雖然一直強調自己不想說好聽話，這次卻告訴我們曾經因為某個事件，自己的價值觀出現大幅轉變。川上先生因為被某個人物臭罵一頓，才發現人類的終極價值判斷，其實沒有任何道理。像川上先生這樣總是用理論思考的人，卻又說：「理論是人類的大敵」這句話究竟是什麼意思呢？

（2014年5月21日刊載於cakes網路平台）

為什麼人不能說話不厚道

——您之前說過，只有非理論的部分才保有人性。是不是有什麼事情讓您注意到

這一點呢?譬如說,講太多理論結果被女生甩之類的。(笑)

川上 雖然不是被女生甩的類型,但是的確有發生過一件事,剛好可以拿來說明。感覺你聽起來會是一樁美談,我其實不太想講這種好故事耶。

——我很想聽聽看這個故事。

川上 我剛畢業的時候進了一間公司,這間公司的業務是取得國外公司在日本的獨家代理權。當時負責國外業務的課長,是一個很不會做事的人,而且完全無法溝通。所以,我公開地在公司裡說,那傢伙太礙手礙腳,快點炒了他。

——當時您幾歲呢?

川上 我那時候二十四歲,進公司才沒多久。那位課長比我大二十歲以上,我當時還批評他是個不中用的傢伙。

——哇……。

川上 那位課長跟誰都無法溝通,在公司內部樹立不少敵人。因此,就算我到處說他的壞話,也沒人出面阻止。但是,有一天我突然被董事長叫去罵了一頓。董事長非比尋常的怒氣,讓我嚇了一大跳。我很納悶,不知道為什麼他要這麼生氣。

當時董事長對我說「他也有他的生活」之類的話，但我只覺得公司如果一直雇用辦不好事的人，業績只會越來越差，最後就照顧不了其他員工的生活了。畢竟，你能保護多少人跟利益是成正比的。因此，無論從什麼角度看，我當時只覺得雇用那樣的人，對公司有害無益。

——是這樣啊！

川上 如果是平常的話，我會覺得自己是對的，然後就不再去想了。因為我是個阿宅啊！但是，當時董事長異常地憤怒，讓我一直懷疑自己說不定真的做得太過火了。從那之後，一有機會我就會回想起當時的事。我在二十四歲到四十歲前都一直在思考這件事。

——花了十五年啊！很長一段時間耶。

川上 不是有一句話說「上了年紀就會懂」嗎？因為很多人都這樣說，我也不能完全否定這句話的可能性，所以我就暫且保留最後的判斷。只是，我每次想起這件事，結論都導向：「怎麼想都覺得這件事很奇怪。」（笑）我仍然覺得那個人還是必須解雇才對。

——人的想法沒那麼容易改變啊！（笑）

川上 但是，七、八年前我突然可以理解，當時董事長的「心情」了。雖然我還是不知道他為什麼要那麼生氣。

——您如何理解這件事呢？

川上 嗯……就是可以理解他的情感吧！

——啊！原來如此。這件事本來就不能用理論來說明。

川上 嗯，因為我一直用理論想這件事，都沒有得到結果啊！就算是現在的我，應該也沒有辦法用理論說服二十四歲的我吧！這件事如果用理論的角度看，得到的結論還是解雇那位課長。現在的我雖然了解當時董事長的心情，卻無法說服二十四歲時用理論武裝自己的我。

——這樣啊……。

川上 這就是人的弱點。關於這個問題，唯一的解決方法只有接受事實。也就是說，當時董事長所想到的，是我有沒有重視別人的人生。當時的我，說出正常人不應該說的話。如此而已。

——說不定那位董事長不只因為那些過分的話而發怒，而是擔心隨口在別人面前說出這些話的年輕的您啊！

川上　嗯，有可能是這樣。

niconico把自己當作假面超人，與敵人對戰

川上　人類的終極價值判斷是沒有道理的。如果說道理是對的，人類的情感是錯的，那人類早就已經解體了。雙方要如何平衡……的確是個難題。如果世界都由道理建構而成，那就不需要人類了。這點是千真萬確的事實。

——道理可以被電腦和系統取代對吧！

川上　沒錯。因此，人類只能接受眼前的不合理，否則就無法自我肯定。

——您之前說過，人類與將棋軟體對戰的「將棋電王戰」，就是在實驗電腦和人如何共存。這件事情跟您現在的言論，也是相同道理嗎？

川上　是啊！這跟「人類是什麼？」這個命題相通。這是我心裡長久以來的疑問。

——我讀過棋手羽生善治的訪談內容，羽生先生被問道：「如果人類打不贏電腦怎麼辦？」他回答：「如果這樣，我會用『心』下棋。」當所有東西都被電腦取代時，人類的最後棲身之地就只有『心』了。這跟您的看法相同呢！

川上 沒錯，本質不是理論能解釋的。理論和人性完全相反。一昧主張理論的人，無法帶領人類走向幸福。然而，大家卻又喜歡理論，尤其是有道理的理論。

——阿宅特別喜歡用理論武裝自己，做一些看似很聰明的舉動。我也不例外，曾經是那樣的孩子。不過，我大概高中的時候就發現，只會講理論的人一點也不受歡迎（笑），所以才會努力走向情感。

川上 人類的本能就是會想交女朋友、想多睡一點、想吃飽等等，很多面向。基本上，這些東西都毫無理論可言，只是自然現象。理論是抽離人類情感導出結論的機制，追根究柢其實是人類的大敵。我想大家應該在本能上能感覺到這一點才對。

——綜藝娛樂讓大眾為之瘋狂，這完全出自本能反應吧！

川上 是啊！但問題是，現在這個世界已經繞著理論轉動。不懂理論就會不幸，這也是事實。

——尤其是金錢相關的事情，都被理論武裝起來了。

川上 對啊！所以人類已經淪為理論的奴隸，無法輕易地反其道而行。因此，我們只能選擇一邊利用理論，一邊對抗它。

——原來如此啊！niconico 使用科技建構綜藝娛樂的世界，就是在執行這件困難的事啊！

川上 沒錯。我覺得這跟假面超人的世界觀很相近。

——假面超人？

川上 與怪物纏鬥的假面超人，原本是被怪物擄走改造成昆蟲人的。也就是說，假面超人是用怪物的科技跟怪物戰鬥。用科技追求人性，就是這個道理。

——喔！的確是這樣耶！

川上 我覺得以科技追求人性會變成一股巨大的潮流。系統與人性的對立，會成為今後的歷史主軸。我想趁現在提出這些想法，以後人家就會知道我很早就想過這些事，所以才會寫下 niconico 宣言。（笑）

——原來如此。（笑）

川上 為了對抗資本主義的世界，共產社會主義的國家就算有所扭曲也能成立。這在世界歷史上來說，表示人類的意識形態的確具有強大力量。

但是，如果你問我會不會對抗成功？我只能說，實際上都以微妙結果坐收，資本主義並沒有停止發展。同樣的道理，人類今後的主流就是在被理論支配的世界中引發叛亂。然而，人類最終只會像共產主義一樣，輸得一蹋糊塗。（笑）

——怎麼這樣！（笑）您覺得這場戰爭會持續多久呢？

川上 大概一百年吧？（笑）一百年，如果可以的話，我希望人類可以撐到二百年左右。

——共產主義撐了多久啊？差不多一百年嗎？

川上 對啊！能撐一百年就已經很好了。

——唉呀，我現在終於知道，那個說出「想多睡一點」的川上先生和那個寫下niconico宣言的川上先生，兩個都是真的。

川上 對吧！尊重人類本能這一點，兩者是共通的啊！

人類不滅亡才奇怪

川上先生為何會對所有事物都追根究柢？川上先生似乎從小就愛講理論，這次他用理論舉證人類為何會滅亡。讓我們一起探索，川上先生思考的根源吧！

（2014年7月23日刊載於cakes網路平台）

隕石撞擊、大地震、超新星爆炸，隨時都可能發生

——我們都已經訪談這麼久了，我現在才想到要問您，為什麼會對所有事情都如此追根究柢呢？

川上　其實沒有什麼契機耶！可能我本來就很愛用理論思考吧！我小時候遇到任何事情都會思考：「這究竟是由什麼理論構成的？」

——之前我們談過，以人類會滅亡為前提，思考人類如何滅亡這件事。您認為人類會滅亡，是因為小時候看了很多科幻小說嗎？

川上 不是的，那是用理論推測出來的結果。你想想看，現在地球上殘存的最古老生物是什麼？

——呃……昆蟲之類的吧？

川上 雖然有很多種類，但是像蟑螂、螞蟻、蜻蜓等生物，從一億年、甚至二億年前就長那樣幾乎沒有變過。小型生物很多是這樣的，最大也就到蜻蜓而已，更大的生物都已經消失了。

——對啊！

川上 如此一來，人類還能再活一億年這種想法不是很奇怪嗎？

——喔！原來是這樣啊！

川上 現在假設人類會在一億年之內滅亡，那麼會是以什麼樣的形式滅亡呢？這就會有很多種形式了。

譬如說，六千五百萬年前恐龍滅亡是因為隕石撞擊地球。隕石撞地球現在也有可能會發生啊，而一旦發生人類是不可能活下去的。以現在的科學來說，人類滅亡的機率非常高。

——的確是這樣耶！

川上 還有另一種可能。現在有一個叫做參宿四的超大恆星隨時有可能會爆炸，也說不定它其實已經爆炸了。當這個參宿四變成超新星爆炸的時候，伽瑪射線會以接近光速的速度放射出電磁波。有人認為電磁波如果撞上地球，地球的大氣層會被吹走。

——這、這樣啊！（笑）

川上 如果沒有空氣的話，我們都會死啊！（笑）據說伽瑪射線會在爆炸星球的自轉軸二度以內的範圍放射，所以有的人認為地球只要不在那個方向就沒事了。不過，超新星爆發時，自轉軸可能在不穩定的情形下轉動，還是很有可能放射到地球來。

——說得也是。

川上 得知超新星爆炸，電磁波衝向地球的時候，人類已經滅亡了。（笑）

——原來如此……。

川上 還有其他例子。地球到處都可能火山噴發或發生地震。基本上沒有哪個地方是絕對安全的。大家認為安全的地點，也只是安全的時間帶比較長而已。

美國的黃石國家公園，以間歇泉和溫泉聞名於世，那裡每隔六十萬年就會大噴發一次。如果黃石公園的火山噴發，可能會影響全世界，也可能成為終結美國霸權的契機。

——這樣啊……。

川上 離上次大噴發已經過了六十四萬年。據說數千年或數萬年內很可能會噴發。當然，也可能是明年噴發。如此想來，你不覺得人類隨時有可能因為某個原因滅亡嗎？人類要生存下去，本來就是一個挑戰。

如果考量「死亡風險」全世界到處都是可怕的東西

——的確，現在連我也這麼想了。（笑）您除了人類滅亡以外，是不是平常就習慣先往壞處想？

川上 是啊！我基本上都會想負面的結果。但是，我不會因為想到最糟的結局而變得悲觀。

——原來如此。因為那只是有可能而已嘛！（笑）

川上 對啊！只是有可能會變成那樣而已。（笑）因為我身為程式設計師，難免會在意邊界條件。我完全不覺得地球滅亡是一件令人悲觀的事啊！

——您從小就有這種想法嗎？

川上 可能是吧！我在上小學的時候，總是非常害怕站在月台上。因為，如果我一時鬼迷心竅，再多往前走兩步就會死掉。但是，我心裡的確也有想試試看的好奇心。（笑）

——什麼？

川上　我自己也覺得這種念頭很危險。所以我每次都在「想試試看」以及「想試但又不敢」的矛盾中煩惱。我以前就是這種小孩。

——是、是這樣啊……。

川上　啊，所以我有懼高症。這很好懂吧？

——從高處墜落而死的可能性很大嘛！（笑）

川上　對啊！一不小心就會死掉耶！

——那您也害怕尖銳的東西嗎？

川上　是啊！筆之類的尖尖的東西不能朝著我，我會怕它突然刺過來。

——啊，這我了解。我也很怕車站月台和尖銳的東西。如果坐在我對面的人拿著筷子跟我講話，我就會很不安。

川上　我也有幽閉恐懼症。這是有原因的。我三歲的時候在沙發上玩，結果被夾在沙發的縫隙裡出不來。（笑）我被夾住動彈不得，聽說哭了二、三個小時。所以，我變得很害怕狹小的空間。

——現在也怕嗎？

川上 現在應該已經好多了。不過，我以前連車子也怕。只要待在密閉空間就會抓狂。雖然現在已經能搭車了，但是看到偶像劇裡面出現那種貨櫃倉庫的場景，還是會全身發毛。

——哇，這是很嚴重的幽閉恐懼症耶！（笑）

川上 沒錯。講到車子，我以前在駕訓班被罵過：「綠燈的時候不用看左右兩邊，直接前進！」我就算綠燈也還是會確認左右有無來車。我會想說如果有人沒看交通號誌就前進怎麼辦？（笑）

——的確有可能耶！（笑）

川上 對吧！誰知道是不是大家都會遵守交通號誌。

——所以您時時刻刻都在思考死亡的可能性吧！

川上 不去想這些事的人，到死為止都能很幸福的生活。嗯，死了以後就無所謂幸不幸福了，所以應該是說，這種人一生都會很幸福。

——您會刻意計算離死亡還剩多少時間嗎？

川上 我以前常常算啊！會想說：天哪！我已經十五歲了。

——呃，為什麼是十五歲？

川上 給小孩子看的卡通，主角通常都十二歲左右對吧！所以，我常常會覺得自己已經輸給主角了。（笑）有的時候還會覺得：「啊，不行了。我正一分一秒地走向死亡！」是說……我講這種話沒關係嗎？（笑）

——沒關係！（笑）我覺得今天的談話，讓我們可以窺見您思考的原點。

niconico宣言（9）

～致所有想使用niconico的使用者～

雖然niconico動畫在2010年第二季成功轉虧為盈，但niconico宣言當中所提及的目標尚未達成。今後，這份宣言會和維持營收一樣都是我們的重要目標。希望您能撥冗閱讀。

2010年6月1日 niconico普及委員會

第一宣言

niconico的目標是
成為有人類情感的群體智慧，而非單純收集知識

大家都說web2.0的本質是將全球規模的web做為媒介，進而孕育群體智慧，但我們希望能賦予群體智慧人格與情感。目前網路上大多數的群體智慧，都是經由機械式地收集人們的勞力與行動建構而成。或許，虛擬世界中人類的睿智與勞力所孕育出歷史性的巍然大業，可比擬為現實世界中的大運河或金字塔。然而，就如同生活在現實世界中的人一樣，虛擬世界裡的人並非為了建功立業而存在，他們也想過著開心時大笑、難過時流淚的日常生活。

我們的目標是創造一個能投射人類生存於虛擬社會的群體智慧。我們希望群體智慧擁有情感與人格，並且宛如生命體一樣變化多端、隨時間流逝迎向生命的盡頭，最後產生新生命，這才是我們的目標。我們的目標並非走向真實，而是創造與人類夥伴同甘共苦、永遠未完成的群體智慧。我們希望打造一個未來的網路社會，能讓有溫度的群體智慧與人類共存。

第二宣言　niconico的目標是提供能評論任何事的服務

我們的目標並非從人類身上抽出知識，精製出一個群體智慧。我們所收集的並非知識，而是人類的情感。人類對某些事物顯露情感的行為，就是人類在社會中求生的展現。我們藉由提供網路上嶄新的溝通方法，來實踐人類的生存行為。但這絕非以獲取他人生活記錄為目的，而是為了記憶人類的日常生活。保存資料不是為了分析、統計，而是如同相簿一樣留下回憶。

為了實現上述理念，我們選擇讓使用者可以直接發表評論，因為這是網路上表現人類情感最基本的溝通方式。今後，會從表現人類情感這個脈絡衍伸，發表評論的概念或許會更多樣化，但我們追求的仍是如何在網路世界中，展現人類的生活樣貌。

第三宣言　niconico的目標是在網路上建構以人為主的虛擬世界

一般大眾接納網路的源頭，可以追溯至電腦通訊時代。在那個時代，網路提供人們新的溝通模式，同時也證明了人類不僅只能生活於現實世界，也能生存在虛擬世界當中。

隨著網路日漸普及，網路的潛能與價值更為鮮明，網路不再只是人類溝通的工具，更衍生出新的商業模式。網路不僅只是人類情感交流的方法，它甚至成為匯集巨大金流的世界。

這或許是形成網路這種巨大的新世界秩序時，無可避免的過程。然而，這個過程已經告一段落，在web2.0時代即將到來的呼聲當中，我們試圖再次挑戰重新建構網路，使網路成為人們溝通的場域。我們認為web2.0不是技術革命也不是新商機，而是回歸以人為本的虛擬社會。我們將此定義為「web 文藝復興運動」。

第四宣言　niconico 提供能與使用者互相交流作品的網路服務

niconico 提供的網路服務，具有人格與世界觀。我們並不是提供方便的基礎建設，而是提供與使用者站在對等立場，透過雙向溝通所共同完成的作品。我們並不是要創造皆大歡喜的服務，而是創造有個性，能帶給使用者全新價值觀的網路服務。我們的目標是創造具有人類表情的網路服務。

在虛擬的網路世界裡，電力、下水道、馬路等基礎建設都已臻至完善。今後在虛擬世界裡，文化以及娛樂將不可或缺。niconico 想提供的服務，或許在現實世界中並不重要，卻能讓使用者在虛擬世界裡，更加人性化。

第五宣言　niconico將不停追求網路上數位內容與著作權的可能性

我們堅決反對以網路為名，創造免費、價格低廉的服務以及商業模式。也反對直接使用、甚至劣化其他媒體數位內容的服務以及商業模式。我們想提供使用者與創作者，應用、享受、推廣數位內容的新方法。我們深信要讓數位內容多采多姿，就必須保障創作者能得到應有的回饋。

此外，我們的目標是創造新形態的網路數位內容，而不是既有數位內容的延伸。我們深知單純將現實世界的作品投射至虛擬世界，無法讓數位內容有更寬廣的發展。所以我們會致力在虛擬世界中，創造出使用者所追求的數位內容以及新的著作權產物。

第六宣言　niconico將守護能讓所有創作者自由發表作品的空間

我們認為自由地評論網路上的作品，是所有使用者應該被保障的基本權利。為了能在niconico實現這個理想，最重要的就是將所有數位內容匯集至niconico，然而自由的言論暴力，可能會剝奪其他人在niconico上發表作品的自由。

若隨心所欲評論作品是言論自由之一，那麼我們絕不允許妨礙他人發言的情形。niconico 希望提供創作者一個自由的發表空間，不讓創作者遭受批評作品以外的攻擊。

第七宣言 niconico 將連結虛擬世界與現實世界

現在已經是二十一世紀，或許今後引發暴動或社會不安的源頭，不再是現實社會而是虛擬世界。現實世界裡大多數人都不知道虛擬世界裡發生什麼事，又或者對虛擬世界的印象，僅止於新聞報導中常常出現的網路暴動事件，因此對虛擬世界充滿成見。網路自由中立的特質，有時會因為被聲勢較大的少數族群掌控而遭受誤解。

我們為了不讓現實世界和虛擬世界之間產生不必要的誤會，努力向現實世界傳達虛擬世界中所發生的事、虛擬世界裡的人在追求什麼、這些人佔了多少比例等資訊。我們盼望能藉此建構虛擬世界和現實世界的良好關係，並朝向相知相容的未來發展。

後記

我會在 cakes（ケイクス）開始連載文章，有幾個原因。第一個原因是，我想支持 cakes 在網路上開辦付費雜誌的理念。對於資訊＝免費的網際網路出現後，網路產業形塑出的意識形態，我身為網路產業的一員，深感必須承擔部分的責任。cakes 的加藤貞顯先生是我對抗意識形態的戰友，所以才會想助他一臂之力。

另外一個原因，就要從我打從心裡敬愛不已、人稱哈克利（譯註：岩崎夏海的部落格名為「我要去見哈克貝利」，故在網路上的暱稱為哈克利。哈克貝利是馬克．吐溫經典名著《頑童歷險記》的主角之一。）的岩崎夏海先生說起。

岩崎先生的成名之作《如果杜拉克》（《如果高校棒球女子經理讀了彼得．杜拉克》的略稱）是我和加藤先生一起製作的作品，加藤先生是讓這本書熱銷百萬冊的總編輯，在成立 cakes 之前，他曾經是 DIAMOND 出版社的員工。因為加藤先生，我才會選擇支持。

其實我從以前就一直拜託加藤先生，讓我在cakes上面寫一些文章。明明是我提出要求，卻因為我突然開始在別的地方連載文章等等的雜事，沒時間提供cakes原稿，無法兌現自己的承諾。就在這種狀況下，加藤先生提議不如把訪談內容寫出來，這才開始在cakes上連載。

當我思索要在cakes上連載什麼內容的時候，我心想反正要做，就把平常訪談不會說出口的危險話題統統拿來講吧！cakes是付費會員制的網站，所以我想在這裡談一些公開場合不能說的議題，應該沒關係。因此，訪談剛開始我就針對多玩國員工離職潮發表個人意見、指名道姓批評其他公司是造成現在找工作困難的元凶、故意採用使用者不喜歡的介面等議題，毫無忌諱地抒發己見。

然而，連載開始之後我十分震驚。cakes是付費會員制的封閉性網站，但我的連載內容卻是免費文章，非會員也能閱讀。我本來只想在網路世界的角落自言自語，所以把隱藏在心中的危險議題都拿出來講，沒想到一夕之間在推特和臉書上廣為流傳，在Hatebu（譯註：はてなブックマーク簡稱はてブ（Hatebu），是一個可以保存、公開標記頁面的網站，越多人標記排名就會上升。）的人氣直線上升。

當我心想怎麼會這樣的時候，已經太遲了。我放棄掙扎，開始在網路上自我搜尋，但意外地發現，網路世界並沒有因為這些內容造成任何問題。我想一切都要歸功於加藤先生的編輯能力吧！

通常訪談內容如果總共有十分，編輯之後都會只剩下一、二分。然而，加藤先生把我講的內容幾乎都網羅進來了。不只如此，還幫我刪除不必要的部分去蕪存菁。因為加藤先生把每次訪談都分成四個部分，所以一個半小時的訪談可以連載四週。每次的長度都剛剛好，不會讓人讀得很辛苦。這令我十分欽佩。

因此，這些連載內容，儘管不是我故意為之，但已經將本該深藏於心中的實話昭告天下。加藤先生告訴我想把內容整理成書時，我已經放棄掙扎，立刻同意出版。

加藤先生說，想在整理成書時增加一些內容，我們為此有些爭執。加藤先生希望我描述一下至今的人生經歷。他認為讀者一定很想知道，而且會影響這本書的銷售量。我知道加藤先生的意圖之後，在訪談當天回絕這件事。

我認為，我的人生跟連載內容毫無關聯。我告訴他，如果加上這種內容，只會降低這本書的價值，而且完整度會明顯下降。因為會影響銷售量，所以加入這些與連載無關的內容，就像是在送贈品一樣而已。說穿了，不就是打折拍賣嗎？我本來就不認為我這半生有什麼市場價值，就算有讀者想看，也應該另外寫一本才對吧！但是，我根本沒想過要分享我的人生經歷啊！

說真的，我當下很生氣。但加藤先生卻沒有退卻，纏著我說：「您的讀者一定很想知道，是什麼樣的人生啟發您的思考。」我又更氣了。我甚至對加藤先生說：「不是我吝於與大家分享，而是連載當中有需要談到我的過去時，我都已經充分交代過了。連載內容當中已經解釋我思考的緣由，反正我是不打算再加東西了！」。

加藤先生拗不過我，當下沒再提了。不過他並沒有放棄，他把我在訪談中稍微提到的往事，不著痕跡地單獨製作成獨立單元。當然，我已經要求他全部刪除。

雖然我現在仍然理性地覺得，加藤先生的提議無腦又沒品。儘管如此，我之後卻常常反省，在感情面上，我有必要這麼生氣嗎？

人類本來就會很想說出自己的事情才對。人應該都會想要有聽眾吧？也就是說，我想告訴大家的事情，都已經寫在本書裡了。然而，加藤先生卻認為還不夠，他到底還想知道什麼呢？我小時候做了什麼、念什麼學校、交什麼朋友、有什麼興趣、喜歡什麼運動、什麼事件影響我的人生等等，這些無聊的話題到底有什麼意義呢？從社會整體的角度來看，無論是誰都只是一個無聊的存在而已。之所以人會自認自己是無可取代的存在，是因為只看周遭狹小的世界。只有男女朋友、夫妻或親子之間，才需要互相分享發生在自己身上的事。

這並不是因為想要保密，而是因為就連有血緣關係的孩子都不見得能理解發生在自己身上的大小事，更何況是他人。到處宣揚不可逆的過往，就像父母拼命吹噓自己的孩子多厲害一樣，十分丟臉。這種對話，只能成立在對方願意耐著性子聽你說的時候。

這本書的讀者應該只是想知道成功的（？）怪異創投企業經營者會說些什麼，覺得書裡可能會出現有用的內容，才偶然拿起這本書。這些人會對我哪個部分的人生有興趣，我都能預料。大家想知道的，無非是成功的人一定從以前就有跟普通人不一樣的地方；或者以前很普通，甚至是個廢渣，但現在卻大大成功。首先，他們會把我歸類成這兩種類型的其中之一。再者，就是判斷我努不努力。是不是從以前就很努力；還是以前不努力，但反省之後獲得成功。

反正，會對這類書籍作者的人生有興趣的讀者，通常都會跟自己比較，然後覺得自己辦不到、反省自己的不足、或者替自己加油打氣。無論內容為何，結果都一樣。為什麼我非得把自己的私事告訴這些人呢？

如果要回答加藤先生認為讀者會想知道的問題，其實沒幾行就寫完了。我當學生的時候，雖然不喜歡讀書，但致力於我有興趣的領域。我對自己的興趣算是付出不少努力，但也都半途而廢，所以沒有什麼值得大書特書的成果。完全不受女孩子歡迎，學生時代根本交不到女朋友。甚至可以說，我是一個很自卑的人。一直以來，我對自己沒有自信，也不認為我活著有什麼價值。儘管如此，我也沒想過要自殺就是了。我一直到現在都還是很想成為數學家或理論物理學家，只是很可惜我沒那個頭腦。

這樣應該就夠了吧？

我一直認為我的工作是行銷，但我沒有受過專業訓練，也沒有自行學習，都是靠我自己想出來的方法在運作。所以沒什麼能拿出來跟別人分享的東西，我只是運氣好，工作還算順利而已。我以前就算相信自己的思考邏輯是正確的，也不好意思跟其他人說，但現在覺得可以和世人分享，所以才開始連載。

我提及的內容，都是大家不太認同而我卻覺得正確，而且能說出一番道理說服人的想法。我刻意選擇公諸於眾之後會有人覺得有趣的內容。在這個範圍內，我只說實話，絕不說謊。而且，也囊括了我想告訴大家的訊息。這本書，其實就描述了我自己。

雖然發生了很多事，但這本書的出版對我而言，還是令人無比開心。非常感謝從頭到尾陪伴我的加藤貞顯先生。我在訪談中，會這麼認真聊自己的心裡話，都是因為加藤先生沒把自己當作訪問人，而是站在自己或 cakes 的立場提問，讓我感覺到他真心想知道我的看法，所以才會更認真回應。加藤先生不只是很棒的編輯，經過這次訪談之後，我發現他也是很棒的傾聽者。真的非常感謝他。

2014年10月19日　川上量生

（追記）我把這篇後記拿給太太看，我太太罵我感謝太少人。她說：「突然在後記反咬讀者一口雖然很有趣，但也不能就這樣結束吧！最後應該要好好感謝讀者才對！」她說的沒錯。感謝讀到最後一頁的兄弟父老姊妹們，我懇切地盼望這本書能對你們有幫助。

另外，感謝崎谷實穗小姐，總是可以把支離破碎的內容整理成一篇好文章，而且幫我監視推特上的讀者感想。謝謝妳。還有我的助理永井美智子小姐，總是提醒我截稿日、幫我校正原稿，她也是這本書的幕後推手之一。希望能藉著個機會表達我誠摯的謝意。

PROFILE

川上量生

KADOKAWA・DWANGO股份有限公司董事長、多玩國股份有限公司董事長。角川ASCII股份有限公司綜合研究所（株式会社角川アスキー総合研究所）主任研究員。1968年生。京都大學工學院畢業後，活用自己的電腦知識專長於電腦軟體公司任職。該公司破產後的1997年，成立了專門開發電腦通訊對戰遊戲的公司多玩國。2000年擔任董事長一職。2003年在東證（東京證券交易所）創業板上市、翌年將市場變更為東證一部（市場第一部，相當於主板）。除了以獨自發想的手機遊戲及簡訊等服務逐漸帶動市場，2006年以後更以子公司niwango的名義創立「niconico動畫」。之後更發展出「niconico超會議」及「Blomaga」等等，為數多個的活動與服務的誕生。

TITLE

NICO NICO 玩創經營築夢哲學

STAFF

出版　瑞昇文化事業股份有限公司
作者　川上量生
採訪者　加藤貞顯
編撰　崎谷實穂
譯者　涂紋凰

總編輯　郭湘齡
責任編輯　黃美玉
文字編輯　黃思婷　莊薇熙
美術編輯　謝彥如
排版　曾兆珩
製版　大亞彩色印刷製版股份有限公司
印刷　桂林彩色印刷股份有限公司
　　　絃億彩色印刷有限公司
法律顧問　經兆國際法律事務所　黃沛聲律師

戶名　瑞昇文化事業股份有限公司
劃撥帳號　19598343
地址　新北市中和區景平路464巷2弄1-4號
電話　(02)2945-3191
傳真　(02)2945-3190
網址　www.rising-books.com.tw
Mail　resing@ms34.hinet.net

初版日期　2016年3月
定價　250元

國家圖書館出版品預行編目資料

NICO NICO玩創經營築夢哲學 / 川上量生著；涂紋凰譯. -- 初版. -- 新北市：瑞昇文化, 2016.02
288面；21 X 14.8公分
ISBN 978-986-401-080-6(平裝)

1.川上量生 2.創業 3.傳記 4.訪談

494.1　105000500